青少年安全知识丛书

青少年心理安全知识

●詹　詹　编著

上海科学普及出版社

图书在版编目（CIP）数据

青少年心理安全知识 / 詹詹编著 . — 上海：
上海科学普及出版社，2012.10（2024.3 重印）
（青少年安全知识丛书）
ISBN 978-7-5427-5511-7

Ⅰ. ①青… Ⅱ. ①詹… Ⅲ. ①心理健康—青年读物②心理健康—少年读物
Ⅳ. ① B844.2-49

中国版本图书馆 CIP 数据核字 (2012) 第 213880 号

责任编辑：郭　赟　胡　伟

青少年安全知识丛书
青少年心理安全知识
詹　詹　编著
上海科学普及出版社出版发行
（上海中山北路 832 号　邮政编码 200070）
http：//www. pspsh. com

各地新华书店经销　天津旭丰源印刷有限公司印刷
开本 787 × 1092　1/16　印张 10　字数 176 000
2012 年 10 月第 1 版　2024 年 3 月第 2 次印刷

ISBN 978-7-5427-5511-7　定价：38.00 元

前 言

青少年时期是一个从幼稚走向成熟的时期，是一个朝气蓬勃、充满活力的时期，是一个开始由家庭更多地迈向社会的时期，但同时也是一个变化巨大，面临多种危机的时期。而青少年常见的心理问题显然也处于这危机之中。

青少年，花一样的年纪，本该活力四射的他们，本该有个大好前程，却因为心理问题的来袭，让他们深深地陷入苦恼之中。当看见他人某些方面超过自己时，心中的那把嫉妒之火呀，已愈燃愈烈，俨然有一发不可收拾之势；当面对老师的提问，自己本来会答的问题，也因那不合时宜的害羞而湮没了自己的勇气，只得在老师期待的目光中沉默不语，在一片默然中静坐在自己的座位上；当看见同学们三五成群地聚在一起说悄悄话时，因为自己那猜疑心作祟，又莫名地认为那是他们在说自己的闲话；当长时间紧张学习之后，自己又莫名其妙地情绪烦躁、注意力涣散，学习成绩呈直线下降趋势；当高考或中考的倒计时越来越逼近之时，本该奋力迎战的自己，却没了往日的学习动力，陷入了焦虑之中；当面对自己心仪的对象，心中念着的只是时时刻刻与他/她在一起，而学业却日渐荒废；当面对网络的诱惑而深陷其中，满脑子只有游戏时，原本不错的学业变得惨不忍睹……

因此，《青少年心理安全知识》一书针对以上现象，用简单而生动的语言，并结合相应的图画，从青少年常见的心理问题、学习心理问题、青春期心理安全、网络心理安全、心理问题的安全隐患等方面为青少年勾勒出一幅完整的“心理安全知识图”。

目 录

第一章 青少年的心理问题

第二章　常见学习心理问题

第三章　青春期心理安全

第四章　网络心理安全

第五章 心理问题的安全隐患

第一章 青少年的心理问题

青少年期是一个从幼稚走向成熟的过渡期，是一个朝气蓬勃、充满活力的时期，是一个开始由家庭更多地走向社会的时期，同时也是一个变化巨大、面临多种危机的时期。受外界的影响，青少年的思想开始发生变化，不由得就会形成多种病态心理。如果任由这种心理继续侵蚀他们，那么对他们的人生或多或少的都会产生一定的影响，甚至会自毁前程。

嫉妒心理

嫉妒是对他人的优越地位而产生的不愉快的情感，是对别人的优势以心怀不满为特征的一种不悦、自惭形秽、恼怒甚至带有破坏性的负面感情。嫉妒是一种病态心理，《三国演义》中便有“既生瑜，何生亮”，结果羽扇纶巾的周公瑾怀着对诸葛孔明的嫉妒心理含恨而终。

对青少年来说，嫉妒既可以来自家庭中的兄弟姐妹，又可以来自同伴之间。眼看着身边的人都比自己优秀，甚至自己一向不看好的人都做得比自己要强，不由得就嫉妒起来。面对嫉妒对象，他们要么恶语中伤，要么故意摆出一副很强大的样子，要么故意散播谣言……这些都不足为惧，最可怕的是他们将嫉妒升级，不惜自毁前程，将一腔怨恨一股脑的发泄在嫉妒对象身上……他们的思想暂时得到了解放，但是等待他们的将是法律的制裁。

案例

◆消除嫉妒，共同进步

高洁的学习成绩很好，因而受到同学李丽的妒嫉。一开始，李丽是作为一种动力，要求自己一定要不惜一切代价提高学习成绩，赶上高洁。但直到高三，李丽的成绩仍然远远不及高洁，在高考前的冲刺阶段，一直处心积虑的李丽想到了一个可以影响高洁学习成绩的办法——用硫酸来帮助自己。于是，她花了几元钱买了一瓶浓硫酸带回学校。待半夜时，她拿着一杯浓硫酸来到高洁的宿舍。由于宿舍的门锁坏了，李丽很容易就进了宿舍。但令人意想不到的是，李丽竟然把硫酸泼到了高洁的好朋友林静的脸上。原因很简单——林静抢了李丽的男朋友。于是李丽借助泼硫酸而一箭双雕，既报复了林静，又达到了影响高洁学习的目的。因为林静住院，高洁肯定会去医院探望，这样高洁的学习成绩就会受到影响。正如李丽所期望的那样，高洁有很长一段时间在医院陪林静，成绩直线下降。李丽的计划虽得逞了，但她也为此付出了沉重的代价：因故意伤害罪，手段极其残忍，一审被有期徒刑十年。

可见，嫉妒害人又害已。当然，轻微的嫉妒可以成为一定的动力，但过度嫉妒，真的是后患无穷。

心理安全贴士

面对日益纷杂的社会，青少年不妨从以下几点做起，或许就能淡化自己的嫉妒心理。

第一，无法改变现实，适当应用补偿作用，寻找新的自我价值。

第二，树立远大的目标，培养自己豁达的心境，平静地审时度势。

第三，走出自我狭隘的小圈子，做个明白人。

第四，提高自身的竞争意识。

第五，要胸怀开阔，有容人之量。

第六，看到自己的长处，化嫉妒为动力。

自卑心理

自卑是一种因为过多地自我否定而产生的自惭形秽的情绪体验。自卑感人皆有之，而自卑心理的产生，主要来源于心理上消极的自我暗示。青少年正处在生长发育的黄金阶段，正逐渐褪去懵懂无知的外衣，因此，相对来说，他们更容易产生自卑心理。其主要表现在：

（1）交往中的自卑心理

往往是在现实交往中受挫，然后产生消极反应的结果。

（2）自我暗示

对生理上的某些不足产生消极的自我暗示。

（3）消极暗示

对自我智力估计过低带来的消极暗示。

（4）自我评价过低

对性格与气质自我评价带来的消极的自我暗示。

事实上，每个人或多或少的都有自卑感，哪怕是那些叱咤风云的大人物，也会有外人所不知的自卑心理，只是他们不善外露而已。青少年，是未来的接班人，如果每天都带着那种“为什么我没有好的出身背景，为什么他/她什么都比我要好，为什么我就没有姣好的面容……”的小自卑，难免会导致人格上的缺陷，以致破罐子破摔，甚至会对整个世界失望。

案例

丁丁是一名小学四年级的男生，在老师的眼里，他是一个十分内向、孤僻的孩子，在同学们的心里，他是一个什么事都干不好，“一点用都没有”的人。他的作业总是比别人做得慢，而且质量也不是很好；每次考试，尽管他很努力，但成绩还是远远地落在其他同学的后面。另外，他长得有点胖，同学们又喜欢叫他“小胖子”。他平时不太愿意主动与别人去玩，其他人也不会与他玩耍。班主任老师实在不忍心看到他在班级中这样的地位以及其他同学对他的评价。在元旦排练节目的时候，老师特地请他去配音，他疑惑地看着老师，似乎不相信老师的话，终于慢吞吞地挤出一句话：“老师，我……我……不行的……”老师想让他自信起来，用各种激励的话鼓励他，可他还是不肯答应。丁丁经历了一次又一次的学习上的挫折，又由于自己长得有些偏胖，再加上同学们不喜欢和他一起玩，便产生了自卑心理：认为自己什么都不及他人。

◆自卑的孩子

如果一个人长期的否定自己，久而久之，哪怕是机会摆在自己面前，他们也会对自己产生怀疑，任由机会从自己眼前溜走，从未想去争取。

心理安全贴士

对青少年学生来说，面对自己的自卑心理，他们不妨从以下几点做起：

第一，正确地认识和评价自己。

第二，不要盲目的攀比。

第三，面对他人的冷嘲热讽，学会一笑了之，不要睚眦必报。

孤独心理

孤独并不是指单独生活或独来独往，人人都可能有孤独的时候。真正的孤独是那种貌合神离，没有情感和不想思想交流的人。确切地说，孤独就是对周围的一切懵懂无知，对所处环境及周围的人缺乏情感和思想的交流。

孤独是在日常交往中产生的一种冷落、寂寞和被遗弃的心理体验，是一种消极的情绪表现。相对来说，青少年的心理大都比较脆弱，他们还没有经历社会的洗礼。因此，他们往往会在人际交往中表现出孤独感，而恰恰是这种孤独感已成为困扰他们的主要因素。显然，这对他们日后的行为发展极为不利。

通常，这种孤独感分为儿童孤独、青春期孤独。

儿童孤独：孤立，害怕，担心……容易消失。

青春期孤独：寂寞，充满幻想和憧憬，有伤感和自我封闭，如同人间沙漠。

◆孤独的味道

事实上，孤独感是一种自我封闭心理的反映，是感到自身和外界隔绝或受到外界排斥所产生出来的孤伶苦闷的情感。对青少年来说，长期处于自我封闭的状态，久而久之，难免会对周围的一切漠然视之，认为世界上只有世态炎凉，而无真正的人间真情。试问，长期怀有这种情绪，于学业，于前途，能有喜人的收获吗？结果往往不尽人意。

案例

在很多人的印象中，周伟是一个很不爱说话、性格相当孤僻的孩子。每当同学们和他主动说话时，他都很少与他们交谈，同学们和他之间的沟通产生了很大的困难。对于这些问题学校老师和家长进行了沟通，原来周伟在家里也是如此。周伟的妈妈是养花专业户，整日忙于种花、卖花，一天从早忙到晚，与孩子相处的时间很少。他的爸爸又经常出差，一家三口团聚的日子都很少，所以自小周伟就很少和父母说话，也很少叫妈妈，也从来不带朋友或同学到家里玩，到了现在也是一个人玩。而正是由于他的这种孤僻性格，他的学业也一直是在班级的最后几名徘徊。

或许，有人会说，我天生就喜欢独处。但是，独处与孤独感并不可互相混淆。独处只能说明你不太喜欢依赖他人，有自己的想法；而孤独感，会令人产生挫折、寂寞和烦躁的情绪，严重的甚至会产生厌世轻生的念头。但是，孤独感是绝对可以克服的，只要你愿意从自己的世界里走出来。相信，当你走出自我封闭的那一刻，便会发现外面的世界原来是如此精彩，生活是这么美好！

◆朋友一生一起走

心理安全贴士

青少年时期，是人一生中的黄金阶段。因此，面对自己的不足——孤独心理，不妨从以下几点做起。

第一，多和父母沟通。多了解、多学习成年人的优点和长处，如果遇到不开心之事，可以向父母诉说，也许可以得到很好的解决办法，这样不仅可以增进与父母之间的感情，还可以减少与父母之间的代沟。

第二，要克服自卑。因为自卑而觉得自己各方面都不如别人，所以不敢与别人交往，时间久了就造成了孤独。事实上，人和人之间是不可相比的，每个人都是不一样的，每个人都有自己的长处和短处。所以，有孤独心理的青少年要自信起来，走出孤独的困惑，从而克服孤独。

第三，多做好事。利用周末帮助父母做一些力所能及的家务：在放学的路上，遇到需要你伸出爱心之手的事情时，也不要错过。因为这样不仅可以排除孤独感，还可以净化心灵。

第四，朋友是最好的良药，放开自我，真诚、坦率地把自己交给他人。交往是一个相互沟通的过程，所以别人也会对你以诚相待，如果感到孤独或需要关心时，可以主动接近他人、关心他人，他人也会以同样的真诚对待你的。如果朋友离自己较远，可以翻翻旧时的通讯录，给久未联系的朋友发发短信。这样不但可以扩大你的社交面，还融洽了人际关系，孤独感自然就会消退了。要知道，别人也和你一样，也需要得到友谊的温暖。

第五，培养广泛的兴趣爱好。学会为自己安排丰富有益的业余活动，把思想感情从孤独的小圈子里尽快解脱出来，全身心地投入到精彩的活动中去。这样，不但可以松弛心情、缓解孤独感，同时还可以得到激励。

第六，享受大自然的美。如果遇到挫折或心情不好，但又不愿向他人倾诉，这时便可以到公园或田野里散散步，用一丝丝的清风吹走坏心情，慢慢地心情就会开朗起来。要知道生活中有很多活动是充满了乐趣的，只要能充分领略它们的妙处，也能消除孤独感。

依赖心理

依赖心理是日常生活中较为常见的一种心理表现，其主要特征是在自立、自信、自主方面发展不成熟，过分地依赖他人，经常需要他人的帮助和指导，遇事往往犹豫不决，缺乏自信，很难单独进行自己的计划或做自己的事，总是依赖他人为自己作出决策或指出方向。青少年，正从懵懂无知逐渐走向成熟的阶段，面对如此纷繁复杂的社会，他们难免会产生依赖心理：依赖他人对自己的价值肯定。事实上，这是他们没有自信的表现。

◆莫让孩子有依赖心理

对青少年来说，他们的依赖主要表现为：娇生惯养，感情依赖，独立不足，交往敏感。而造成他们产生这种依赖心理的无外乎以下两点：教育不当引起的心理依赖；自卑衍生出来的心理依赖。

事实上，依赖心理并不是短时间内就可以形成的，它往往需要一个长期的过程，而且是多种因素相互作用的结果。它是一种消极的心理状态，影响独立人格的完善，制约人的自主性、积极性和创造力。

案例

姜姜一直被认为是一个优秀的孩子。为了让他能够集中精力学习，父母可谓是操尽了心，除学习以外的任何事情，父母都会代替姜姜去做。

吃饭时，妈妈会及时地把饭端到他的手边；衣服脏了，当然也是妈妈的事；笔记本用完了，也是妈妈亲自去买。直至高中毕业，他甚至连自己的袜子都未曾洗过，他早已习惯了饭来张口、衣来伸手的生活，而且有时还为自己的这种生活沾沾自喜。高中毕业后，他以优异成绩考取了北京某名牌大学，那是他梦寐以求的地方。同年的九月，他无比兴奋地来到了首都北京。然而大学生活刚开始不久，他就遇到了许多困难：他不会去食堂买饭，不会洗衣，甚至经常找不到上课的教室，也不知道该如何和同学相处。虽然好心的同学也在不断地帮助他，但还是难以解决他的适应问题，这令他万分苦恼。无奈之下，他只好提出了休学，学校根据他入学以后的表现也同意了他的请求。

可见，过分的依赖他人，往往会令自己丧失某些能力——生活不能自理，没有自己的判断……这样的人，即便日后走向社会，很难取得什么成就。

心理安全贴士

对青少年来说，他们要克服依赖心理也并非朝夕之事，而要从多角度、长时间地去攻克。

第一，青少年要充分认识到依赖心理的危害。

第二，青少年要纠正平时养成的习惯，提高自己的动手能力，多向独立性强的同学学习，不要遇到事情都指望他人，而当遇到问题时要做出属于自己的选择和判断，加强自主性和创造性，学会独立地思考问题。

第三，青少年要在生活中树立行动的勇气，恢复自信心。

第四，丰富自己的生活，培养独立的生活能力。

任性心理

当下，随着人们居住条件的改善，出现了不少“高楼儿童”，这些孩子很少有机会与其他孩子一起玩。同伴的缺乏，导致幼儿的玩伴由成人来代替。由于亲子交往常常不是一种平等的交往，因此往往是成人迁就孩子。在这种不平等的交往过程中，如不能有意识地对孩子进行教育培养，孩子就会缺少互助合作的意识，缺乏谦让、自制的行为，以致形成任性心理。

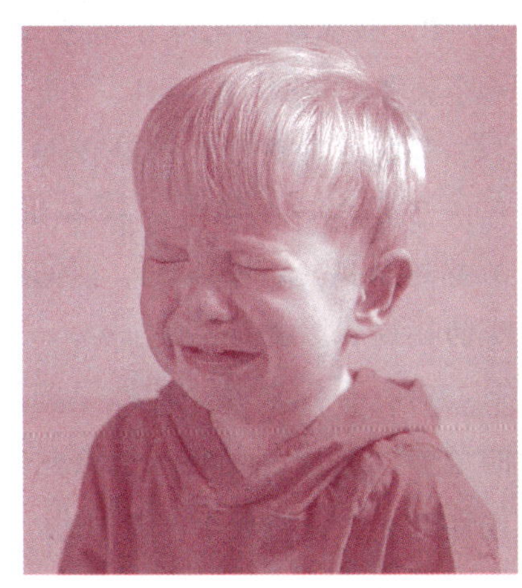

◆任性的孩子

案例

林冬虽说今年已是初中二年级的学生，但是在父母眼里，她依然是一个什么都不懂的小女孩。因为她在家里是独生女，自小父母就很宠着她，真是“含在嘴里怕化了，捧在手里怕摔了”。即便她已经是十几岁的女孩了，但是她可从来没有自己洗过衣服，哪怕是自己的内衣、内裤也要劳父母大驾。但最近发生的一件事却令他们深深感受到真是把女儿惯坏了，林冬太任性了。那是一个周六的下午，林冬和妈妈一块儿去逛街。在商场里，林冬看上了一件外衣，她当即要妈妈为她买下。可她今天已经买了很多东西了，况且妈妈手里的现金不多了。于是，妈妈便笑着告诉她暂时先不要买那件衣服，等过段时间再来买。

“不，我现在就要。”林冬红着眼说。

“孩子，你已经有很多外衣了。只是暂时不给你买，过几天再说。”

“不，我现在就要。”林冬哭着说。

已经有人围观了。

“你怎么这么任性呢！都跟你说了过段时间再买。我现在没有这么多钱。”

“没钱你就去死。你是怎么做家长的，连给孩子买件衣服都买不起。”林冬大声哭着说。

妈妈当即就傻了，她没想到自己的女儿任性到这个地步，她当时就甩给了林冬一个耳光。林冬并没有像其他孩子那样，捂着脸哭着跑开，而是还了妈妈一个耳光，然后才骂骂咧咧地走开，只留下一脸惊呆、羞愧的妈妈。

对青少年来说，任性是隐藏在他们身上的定时炸弹，随时都有爆炸的危险。或许，有时候，会觉得带点任性脾气的他们多少有些可爱，但任性过了头，便成了一把利剑，于人于己都会被刺得遍体鳞伤。

◆需要有个性但不是任性

心理安全贴士

当下，青少年大多为独生子女，面对家长的疼爱，难免会有任性的小脾气，殊不知，这种小脾气也会酿成大祸。因此，对他们来说，不妨尝试着从以下几点做起：

第一，不要过分依赖他人，凡事不要由着自己的性子来，要做一个讲道理的好孩子。

第二，不要刻意模仿他人，做好真正的自己。

第三，认清任性的危害——处处碰壁，成为他人不喜欢之人。

怯懦心理

怯懦是指胆怯、懦弱、拘谨的心理缺陷表现。通常表现为害怕困难，意志薄弱；害怕挫折，情感脆弱；害怕交际，性格软弱。平时寡言少语，行动拘束，容易逆来顺受和屈从他人；遇事退缩，极其胆小怕事，不愿冒半点风险；遇到困难易惊慌失措，不知如何是好；受到挫折则易自暴自弃，自甘堕落。

青少年如果过分拘谨，交往处事时难免会躲躲闪闪，手足无措，无法充分表达自己的思想和感情，给人留下软弱无能、畏难怕事的印象。试问，这样的孩子即便是日后参加工作，又有谁愿意重用如此胆小怕事之人呢？

那么，究竟又是什么造成这种怯懦的心理呢？

（1）自我意识不成熟

因为自我独立意识比较差，因此有些青少年对自己的认识或评价很大程度上都依赖于成人。

◆生活中要勇敢坚强

（2）过分忧虑

那些过分忧虑的青少年，也会表现出怯懦的特征。

（3）害羞

有些孩子常常因为害羞而过于谨小慎微、过于关注自己，自信心明显的不足。

（4）自卑

当下有很多青少年，对自身某些方面不满意，常将自己的短处与他人相比，认为自己哪儿都不如人。

（5）早期不愉快的生活经历

有些青少年在童年时期，由于父母离异、搬迁、亲人去世、转换学校、伙伴的伤害等等不愉快的经历，使他们面对新情境时，就会感觉失去了许多来自外界的鼓励和支持，从而变得越来越畏缩、逃避，没有勇气和陌生人交往。

（6）不健康的家庭环境

家庭不健全、教育方式不合理。在家里受到过度保护和溺爱的儿童容易成为“怯懦胆小的青少年”；家长对孩子生活限制过多，交往限制过多，管教过于严格。

（7）学校因素

在学校中，因为学习紧张和人际关系的不和谐，也会使青少年从怀疑自己的能力而变得怯懦胆小。

（8）生理原因

进入青春期后，青少年的身体发育逐步趋向成熟，而他们总会有意无意地注意周围的异性，同时也感到异性对自己有一种无形的吸引力。

◆孩子生活在和睦家庭

其实这是一种正常的心理和生理现象，但由于缺乏这方面的科学知识，便迷迷糊糊，不知所措，在心灵上留下忧虑和怯懦的阴影。

案例

刘莲是某学校四年级的学生。有一次，老师把刘莲叫到走廊上，想和她聊聊她的学习情况。老师语气温柔、态度亲切地问："刘莲，最近学习怎么样啊？有什么困难吗？"说完，用鼓励的目光看着她，期待她能说些什么。但刘莲低着头，脸涨得通红，哆嗦着足足有20秒钟也没说出一句话来。"没关系，放心大胆地说。"老师鼓励道。"我，我……"谁知，老师越让她大胆说，她越是说不出话来，额头上都渗出了汗珠。这孩子怎么如此胆怯呢？看到刘莲的表现，老师不由在心中叹了口气，但她并没有表现出不耐烦来，而是亲切地说道："好了，你先回去吧！有什么问题，可以直接来找老师，好吗？"说着，温柔地摸了摸刘莲的头。刘莲点点头，仍然没说一句话就匆忙走回了教室。

事实上，每个人的心中都有自己最为柔软的地方，都有自己不愿跨过的鸿沟——担心完这个又怕那个，而且总能找到为自己开脱的理由——并不是因为我胆小，而是现实……理由是何其充分，殊不知，长期以此来自欺欺人，只会让自己越来越懦弱无能。即便有什么伟大理想，但碍于自己的怯懦，以后大多也会一事无成。

◆让怯懦的心理随风而去

心理安全贴士

对那些具有怯懦心理的青少年来说，他们不妨试试以下几则克服怯懦的法则：

第一，径直迎着他人走上去，训练自己盯住对方的鼻梁，让人感到你在正视他的眼睛。

第二，开口时声音宏亮，结束时也会强有力；相反，开始时软弱，那么闭嘴时也就软弱。

第三，想方设法接触那些你认为有所作为的人。与比自己年纪大、能力比自己强的人交往，不但会学到知识，同时还可以观察强者的弱点和缺点，从而增强自己的信心。

第四，不断给自己出难题，不断实践克服怯懦的方法。

猜疑心理

猜疑是人的一种性格缺陷。有猜疑之心的人，总是疑神疑鬼，无中生有，认为人人都不可信、不可交。每每看到别人在背着自己讲话，就疑心人家在背后说自己的坏话；每每看到同学径直走进老师的办公室，就疑心同学打自己的小报告；每每看到老师对自己冷淡，就怀疑老师对自己有想法。怀有猜疑之心的他们整天提心吊胆地生活，难免会感到万分痛苦——总有摆脱不了的矛盾，解决不了的烦恼。那情，那境，怎是一个“累”字了得？

《三国演义》中有这样一段描写：曹操刺杀董卓败露后，与陈宫一起逃至吕伯奢家。曹吕两家是世交。吕伯奢一见曹操到来，本想杀一头猪款待他，可是曹操因听到磨刀之声，又听说要“缚而杀之”，便大起疑心，以为要杀自己，于是不问青红皂白，拔剑误杀无辜。无疑，这是一出由猜疑心理导致的悲剧。猜疑是人性的弱点之一，历来是害人害己的祸根，是卑鄙灵魂的伙伴。一个人一旦掉进猜疑的陷阱，必定处处神经过敏，事事捕风捉影，对他人失去信任，对自己也同样心生疑窦，损害正常的人际关系，影响个人的身心健康。

或许，你们会说，处在如此纷繁的社会，有猜疑之心也是人之常情。但是，若把猜疑无形扩大，其后果真的是不堪设想，不但会令自己失去

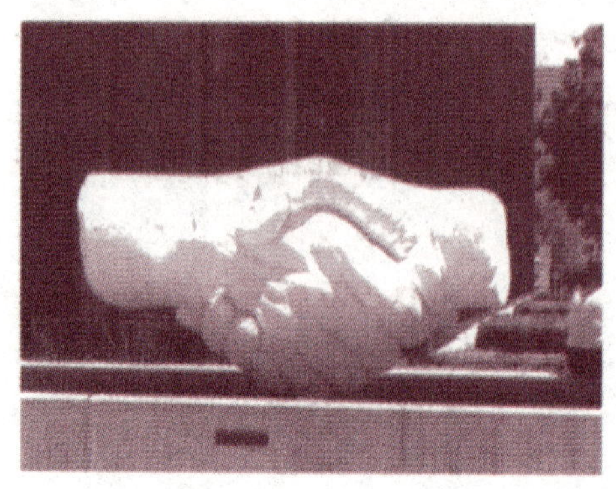

◆只有信任才能合作

朋友，孑然一身，甚至会患上疑病妄想症，也就是所谓的精神病。

因此，对青少年来说，对自己的猜疑心理切不可小觑。

案例

卢静是一名初二的学生，而且还是一个敏感的女孩，疑心甚重。每当看到其他同学聚在一起说悄悄话，她都会注意观察他们的言行，甚至当看见他们无意中瞥过来的眼神时，她都在想，他们是不是在说我的闲话呢？难道是我哪出错了，成为他们议论的新话题？就这样，她课间休息的时候在想，甚至上课的时候也在想，结果，一堂课过去后，老师讲的是什么，她都无从而知。而且，又因为她生性敏感，她也从来不喜欢借同学的笔记来看，怕被他们笑话。卢静基本上没什么朋友，她对谁都不是很信任，即便其他同学想和她做朋友，但见到她冷冰冰的样子，大都敬而远之。就这样，无论上学还是放学，她都是自己一个人。老师也曾试图让她融入整个班级，但每当老师找她谈话时，她又摆出那副冰美人的面孔。最后，老师只能放弃。她依然还是一个人，没有朋友，学习成绩可想而知，一直徘徊在最末几名。但她却始终关闭着心中的那扇窗，不允许任何一个人靠近。

或许，你会说，如果对什么事情都加以附和，没有自己的一点主见，没有一点怀疑之心，难道应是一个青少年所为吗？当然不是！不过，此“怀疑”并非彼“猜疑”，二者不可相提并论。

◆当一切都回归自然时，你还能猜疑些什么呢？

心理安全贴士

对青少年来说，他们不妨从以下几点做起，尝试消除猜疑心理：

第一，优化个人的心理品质，也就是所谓的加强个人道德情操和心理品质的修养，净化心灵，提高精神境界，拓宽胸怀，以此来加大对他人的信任度和排除不良心理的干扰。

第二，坚持“责己严，待人宽”的原则。

第三，采取积极的暗示，为自己准备一面镜子。

第四，抛开陈腐偏见。

第五，摆脱错误思维方法的束缚。

第六，敞开心扉，增加心灵的透明度。

第七，无视“长舌人”传播的流言。

冷漠心理

冷漠，实质上是一种情感的萎缩，是对他人冷漠淡然的消极心态。当下，是一个开放的现代社会，因而对青少年来说，他们也就没有了封闭的苦闷。不过，他们大多是独生子女，难免会享尽家庭的宠爱。久而久之，他们在很少受挫折的成长背景中难免会产生消极的冷漠心态。

冷漠虽然属于一般的心理问题，但它却会令那些朝气蓬勃的青少年逐渐失去热情，逐渐失去集体主义精神，在与人交往时不可避免地会出现自私、不团结友爱等现象。

◆我们并不是冷漠的孩子

对青少年来说，他们的冷漠心理主要来自家庭、社会、学校、学生自身四个方面，具体解释如下：

（1）溺爱

在以家庭构成的宠爱结构中，自然而然地就形成了一个中心点：所有的事情都围着一个孩子转。结果令那些孩子大都缺少独立性，意志力薄弱。一旦离开家庭，稍遇困难便会发愁，只知道一味地要求他人关心、爱护、让着自己，而不会想着去关心他人，爱护、理解他人，久而久之必然因缺少朋友而形成冷漠的性格。

◆不溺爱孩子才能健康成长

（2）父母的影响

父母对孩子的冷淡，在潜移默化中也促使孩子在与他人相处时，表现出孤傲、冷淡的一面。长此以往，便没有人愿意与他们做朋友，而此时他们的心理难免会受到伤害，为了不被他人所察觉，他们唯有以冷漠掩饰自己。

（3）自身因素

有些孩子容易产生自闭的心理，因为他们整天只知道埋头学习，从来不重视和他人的交往。他们往往对自己的期望过高，又有些好高骛远，但碍于理想与现实的矛盾，心中难免会产生不满或失望的情绪，因而产生了对人或对事的冷漠心理。

当下，青少年中确实存在着比较普遍的一种心理冷漠化的现象，其主要表现是对他人怀有戒备心理，甚至有敌对情绪。通常有这种现象的青少年，他们从来不与他人交流思想感情，而且，对他人的不幸还冷眼旁观、无动于衷，没有丝毫同情心。

◆为什么我们会变得如此冷漠

案例

陆华是某校的高中学生，学习不是很好，而且他在班上不管对谁都非常冷淡。没办法，老师只好把陆华的母亲请到学校交流情况，老师让陆华当着母亲的面对今后的行为表个态，陆华翻来覆去只有一句话："以后好好做。”便再无下文，无论老师怎么追问，他都不再说话。

在这次交流的过程中，陆华的母亲和陆华的态度简直如出一辙：老师追问一句，陆华的母亲回答一句，但却从不主动提出问题。老师愕然了，同时也明白了陆华为何冷漠的原因——生活环境。

事实上，冷漠的表现并不是在任何场合下都会产生的，其往往是当青少年身处不和谐的群体或陌生的环境时才会出现。若在这种场合下与那些孩子进行交往，他们往往就会表现出对人对事漠不关心的态度，觉得一切都与自己无关。不过，若受到亲朋好友的尊重或家庭成员无微不至的关怀时，他们一般就不会出现这种态度。即使偶尔出现，只要了解原因并予以解决，冷漠自然会远去。

心理安全贴士

青少年可以参考以下建议来克服自己的这种冷漠心理：

第一，认识冷漠的根源。

第二，投身于社会公益活动。

第三，强化爱心行为。

第四，学会设身处地地为他人着想。

失望心理

或许，你们并不是很清楚，事实上，你们每个人都具有积极向上的进取之心，这与你们强烈的求知欲、自尊心和好胜心是密不可分的。但碍于你们没有过多的经验，思考问题时也并不是很周密，往往带着浓厚的情感色彩去看待周围的人和事，而且有时还片面地坚持己见，对老师或集体的要求，合乎己意的就去做，不合己意的就盲目地拒绝。你们不能很好地控制自己，总是凭着自己的冲动去做事，如果事情成功了，就会为此沾沾自喜；如果事情没有做好或者失败了，你们大都会悲观、失望、懊恼、后悔，甚至从此一蹶不振。这一切的一切都说明你们的意志和品质的发展还不成熟，缺乏自制力。因此，你们常常摆脱不了失望的困惑。

案例

李杰是一名初中二年级的学生。在小学时他的各门功课一直都很优秀。刚升入初中时，他的成绩也是名列前茅。孰知，到了初二上学期，在期末考试中他的数学成绩才考了75分，这对他来说是很大的打击，因为数学是他的强项，以前的考试他从未低过90分。自这次期末考试后，他就像变了一个人似的。乐于助人、热情开朗的他整天忧虑重重，总感觉周围的同学在嘲笑他，看不起他。好几次同学叫他一起去看电影、打篮球，都被他拒绝了，而且还时不时地乱发脾气，就这样持续了有一年之久，他仍然没有从悲观失望的漩涡中走出来。

◆失望，并不代表我会放弃

人生在世，不如意之事十有八九。对青少年来说，他们的内心总是充满幻想，觉得一切都如此之美好。因此，当他们在生活和学习中遭遇挫折时，难免会感到莫名的失落，有些人甚至还会就此产生放弃学业的念头。试想一下，如果每个人都在困难面前低头，自暴自弃，那么，还如何担当未来接班人的重任呢？是否还记得那句格言：蜘蛛不会因为一

◆我一直在努力

次网破而不再吐丝，蛹也不会因为要面对破茧的痛苦而甘于死在茧内。在困难和挫折面前，蜘蛛和蛹尚能如此，更何况阳光一样的你们呢？

心理安全贴士

有成功必然就有失败。成功可以给我们带来喜悦的心情，失败则会让我们感到失望、懊恼。这些事情在生活中都是很常见的，有的青少年获得成功就兴奋，失败就沮丧，甚至被失败彻底打倒，长久地沉浸在失望的情绪中，不能自拔。那么，青少年应如何摆脱失望的心理呢？

第一，确定自己的奋斗目标。

第二，要经得起困难和挫折。

第三，正确地接受批评。

第四，要时刻充满希望。

第五，正确对待失望。

冲动心理

生理学认为，冲动是神经受到刺激后产生的兴奋反应。冲动是最无力的情绪，也是最具破坏性的情绪，换句话说也就是理性弱于情绪的心理现象。

心理学认为，一般来讲，冲动是感情上的激动，或是突然来临的欲望和冲击，或是拥有雄厚兴致的推动力。

病理学认为，冲动是一种刺激，激发人的思想使人采取行动。刺激可能是客观的，换句话说是从周围环境事物来的，也可能是个人心理和生理产生的主观意识，有时在事前都来不及做任何思考和判断。因此所产生的这种行动往往会有矛盾甚至不切实际，还会表达与本性并不一定相配的行为，以致事后后悔不已。

在生活中，许多人都会产生一时冲动的心理现象，冲动就是在不完全理性状况下的心理状态和随之而来的一系列行为，是意志薄弱的一种表现。对青少年来说，他们的情绪特征是以冲动和爆发为主的。他们常常会遇到很多于他们看来不称心的事情。比如，学习时受到外界干扰，珍爱的物品被别人损坏或自尊心受到伤害……这些都容易导致其大动肝火。更有甚者，有些人在与他人相处时，往往会因为一言不合就火冒三丈，在情绪冲动的情况下做出令自己后悔不已的事情。而当清醒的时候，唯有以捶胸顿足来懊恼曾经的言行；有些人甚至因为父母、亲属或他人的一句话就轻生，因为生活中遇到一些不如意的事情就产生自杀的念头。

因此，一个人不管做什么事都要三思而后行，若是只凭自己的一时意气用事，则会造成不堪设想的后果。

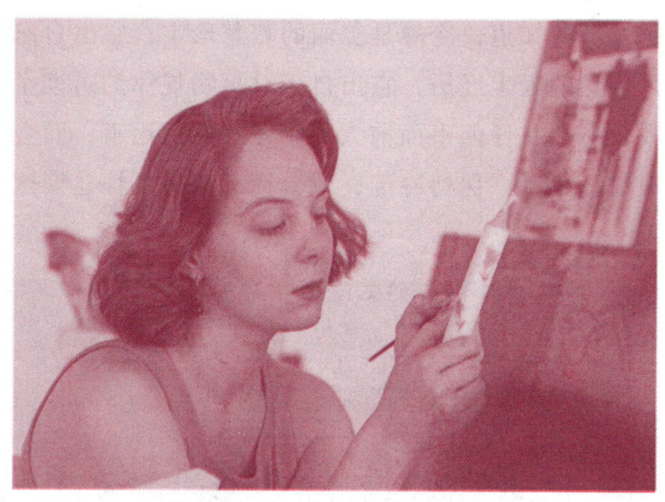

◆要学会调节自己的情绪

案例

小印是一名初二的学生，今年16岁，他在家中是独生子。自小到大，他一直是家长眼中的乖孩子。可是就在最近，小印突然发现自己的脾气变得暴躁起来，有时因冲动还与其他同学吵架，事后仔细想想无非都是些鸡毛蒜皮的小事，根本就没有必要小题大做。在家里他也经常与父母怄气，有时父母批评他几句，他就暴跳如雷、大动肝火，把父母气得直跺脚，但也无可奈何。小印为自己的脾气感到很苦恼，他知道自己不对，可是事情一旦发生了，他又控制不住自己的情绪，过后又十分后悔。有一天，同桌借了小印的一支钢笔，却不小心将笔弄坏了。小印见状很生气，虽然同桌诚恳地向他道歉了，但是小印还是当众把同桌骂了一顿。他的这种反常举动严重影响了他与同桌之间的友谊，而且，他的形象在其他同学眼中也被扣分。小印为此事内疚了好久，他真的搞不懂自己现在怎么那么冲动。

对青少年来说，或许他们正处在生长发育的黄金时期，情绪波动是在所难免的。但也要适时地控制自己莫名的坏情绪，切莫因为一时的冲动而追悔莫及。要知道，冷静是美丽的智慧珍宝，它出自忍耐与自我控制；冷静是成熟的人生经历，它出自于对事物规律的透彻了解。一个学会冷静的人，不会在任何事面前大惊小怪、感情用事，而会在波涛汹涌中如礁石般纹丝不动。保持冷静，就会拥有遇事不惊、安然自若的幸福人生。

◆情绪波动的女孩

心理安全贴士

冲动是一个人修养薄弱、情感脆弱的表现。那么，爱冲动的青少年应采取哪些积极有效的方法来控制自己冲动的情绪呢？

第一，理智地控制自己的情绪。

第二，用暗示、转移注意的方法。

第三，培养与人沟通的能力。

第四，让自己冷静下来。

第五，多参加户外运动。

享乐心理

享乐主义者的人生价值观为：人生的目的和意义在于追求物质享乐。

当下的青少年，大都在家里过着“衣来伸手，饭来张口”的生活，在家中享受着“四星级”的服务。也正因为如此，求享乐、图安逸、摆阔气、高消费的不良风气在他们之中越发盛行。他们中的不少人认为“享乐主义是社会发展到今天的必然结果”，认为“艰苦奋斗是上一辈人之事，与我们这一代人毫不相干。”

因此，他们要么不爱劳动，怕脏怕累，稍干一点体力活就叫苦不迭；要么好吃零食，嘴巴一天都不闲着；要么衣着讲究，相互攀比，越来越多地加入到穿名牌衣服的行列。于是乎，他们大都精神颓废，只知道如何让自己愈加享受生活，如何榨取父母的血汗钱，学业却一落千丈，人际关系也疏于打理，整天沉醉于对物质生活的追求中。

案例

张女士是一名高级女白领，在公司管理中驾轻就熟，深孚众望，在业界是颇有名气的女强人。但是，张女士惟独对自己的女儿晓晓感到无可奈何，力不从心。原来，晓晓去年上小学五年级了，虽然很聪明，但就是对学习缺乏兴趣，完全是随心所欲地学习，高兴的时候，看一会儿书，不高兴了，就想方设法地偷懒，学习成绩自然是处于班级下游，而最令张女士烦恼的是晓晓居然对此毫不着急。

对这样一个不争气的孩子，张女士显然非常难过。最初，她采用过说服教育的方法，给孩子讲学习的重要性，塑造孩子的世界观和价值观，但是，她发现孩子由于年龄太小，许多道理似懂非懂，因此，讲道理的方式收效甚微。后来，她从同事那里学会了奖励方法，很快，她给女儿制定了一个“各科成绩奖励条例”。比如，各科成绩达到了多少分就可以获得相应等级的奖励，张女士制定得很认真、具体，具备很强的操作性。同时，她还根据实际情况，灵活增加奖赏的设置。很快，张女士苦心经营的“妈妈奖学金”便取得了出乎预料的成功，晓晓对学习产生了巨大的兴趣，不仅态度变得认真了，而且也更加勤奋了，不再马马虎虎，也不再敷衍老师，学习成绩有了很大的提高。但好景不长，仅仅过了两个多月的时间，张女士发现孩子又故态复萌，又开始对学习三心二意。于是她又制定了更加丰厚的奖励办法，但是，孩子的学习情况却越来越糟糕，她的“妈妈奖学金”制度已经完全起不到任何作用。

可见，在某些方面，孩子的享乐心理既与家长的教育方式有关，又受到社会上拜金主义、金钱至上不良风气的影响。当下，确实有很多家长为了提高孩子的学习兴趣，采用“金钱刺激法”，初期，或许会取得些

◆可以享受生活，但不能贪图享乐

许成效，但长此以往，往往会全盘皆输。因为，他们已经在无形中培养了孩子的“金钱观”。孩子已经渐渐对钱产生贪婪之意，关于金钱他们认为是多多益善。一旦家长给予他们的再不能满足他们的欲望，学业自然会一落千丈，而且他们也已经意识到金钱所具备的强大功效，自然而然地便促成了他们坐享其成、贪图享乐的心理。

心理安全贴士

青少年若想实现自己的人生价值，就必须走出拜金主义、享乐主义的误区。那么，他们究竟该如何走出这种误区呢？

第一，树立正确的人生观、价值观。

第二，正确理解享受与享乐心理、享乐主义的不同之处。

第三，找到自己的兴趣所在，不要一味地将兴趣停留在暂时的物质享受上。

自负心理

自负是过于自信或过高地评估自己的能力，是一种不切实际的自高自大的心理表现。通常,具有自负心理的人往往在言谈举止方面狂傲自私、瞧不起人。事实上，自信必须建立在客观事实的基础之上，而那些脱离实际的自负对于人们的心理健康大都有着严重的影响。

当下，由于青少年的独立意识、自尊心的发展，他们之中常常会出现那种脱离实际的自负心理，于是自吹自擂、“老子天下第一”等言行和心理，便在不少人身上体现出来了：高高在上，盛气凌人；不尊敬长辈，对大人们傲慢无礼；不爱与旁人说话，不回答他人问的问题……而恰恰是这些不正常的心理表现严重影响了他们的健康成长。

◆有本领就会拥有自尊

事实上，具有自负心理的人通常都有很强的自尊心。他们自视过高，总以为自己很了不起，总是把自己凌驾于别人之上：与人交往时，他们习惯把自己的观点强加于人，即使明知自己错误，也不愿意改变自己的态度，接受他人的观点；任何事情都从自己的利益出发，从来不顾及他人的感受，却要求他人都能为自己服务；对他人的成绩非常嫉妒，而当他人失败时却又幸灾乐祸，从不向他人提供任何有价值的信息；当他人获得成功时，会用“酸葡萄心理”来维持自己的心理平衡。

案例

丽丽是个非常优秀的学生，不但学习成绩优异，而且长得很漂亮，能歌善舞。在学校，她是个受欢迎的学生，学校领导看着喜欢，班主任老师更是视其为心腹骨干；在家里，爸爸妈妈又把她捧为掌上明珠，爱宠有加。有一个如此能干的学生，作为班主任自然十分高兴，一直都很重用她，凡事都让她管，渐渐地她便越来越自命不凡，和同学之间的矛盾也越来越大。新学期开学要重新成立班委会时，班主任征求她的意见，她说这个“太笨”，那个“不会说话”，不是摇头就是撇嘴，意思十分露骨：全班除了她没人能当班干部了！正是她的这种态度，引起了同学们的不满，班干部竞选时，她以 11 票之差落选了。当时，她就急哭了，中午拒绝吃饭以示对竞选的不满，却从未想过在自己身上找出失败的原因。

通常情况下，一般有自负心理的青少年要么是独生子女，要么是家庭条件较好，他们往往视已为最重，其他人全不在自己视线范围之内。因而，不但为自己造成了负面影响，还严重影响了他们的生活、学习和人际交往以及心理健康。

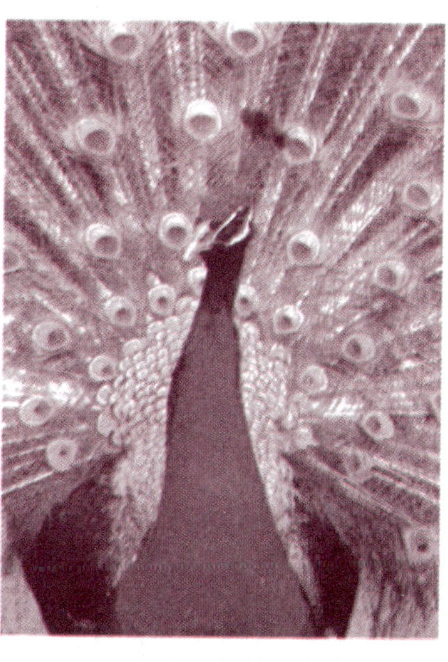

◆骄傲不等于自负

心理安全贴士

自负往往会导致人们滋生自满的心理，会使人们丧失进取心，增强虚荣心，严重阻碍青少年前进的脚步。那么，对青少年来说，他们该如何克服自负心理呢？

第一，要善于接受批评。

第二，谦虚。

第三，自我认识。

第四，善待身边的每一个人。

盲从心理

盲从心理是指屈服于社会的压力和舆论，在认识和行为上盲目地趋向于别人的期望，单纯地追求跟别人保持一致的一种社会心理现象。这种“顺从”是强迫的、盲目的、非理性的，有别于服从领导、佩服别人、善于听取别人的劝告和意见等。

当下，盲从心理在青少年之中较为普遍。他们大都整天耗费大量精力，热衷于收集那些所谓的“崇拜偶像”的各种信息，并刻意模仿，从穿着打扮到言谈举止，唯明星是从，不管得体与否，一律“东施效颦”。更有甚者，不管自己是否具备某方面的优势，一味盲目地试图从文艺、体育方面寻求出路，找突破口，今天学唱歌，明天学书法，后天又学绘画，忙忙碌碌。事实上，这些想法大都不切合实际，只一味地盲目追求，本末倒置，其结果只能是事与愿违，得不偿失，既影响了学业，又耽误了前程。他们并不知道，自己已经踏上了盲从之路，还一味地自认为是顺其自然。

通常，拥有盲从心理的人们都具备以下特点：

（1）深感自己渺小可怜、软弱无助。

（2）遇事没有主见，一筹莫展，很难独自一人展开计划或做事。

（3）理所当然地认为他人比自己优秀，比自己有吸引力，比自己高明，让他人为自己作出重要决定，依赖性较强。

（4）有时明知他人错了，也随声附和，为讨好他人甘愿做自己不愿做的事。

（5）常常被他人的眼光和看法左右，不能正确、公正、客观和全面地评价自己。

或许，对青少年来说，他们认为盲从心理其实并没什么，至多影响

◆不能盲从孩子的心理

个人主观能动性的发挥。实则不然，其严重时则会令人在不知不觉中违法犯罪，从此踏上一条不归路。

案例

某劳教所的一个青少年，因参与犯罪团伙的多次盗窃抢劫而入狱。当民警询问他为什么抢劫时，他竟回答："大家整天在一起相处，别人去偷去抢，自己不干也不好意思。"他甚至还说："'老大'让干的事不能不干。"就这样，盲从心理让他把自己送进了监狱。

可见，盲从心理不可小觑。尤其是作为21世纪的青少年，更应该严格杜绝盲从心理的滋生，才得以担当未来接班人的重任。

心理安全贴士

盲从心理是青少年心理发育过程中一种不成熟的表现，是大多数青少年成长过程中的某种必然冲动。因而，对盲从心理不能等闲视之，必须努力加以克服。

第一，树立自信心。

第二，做事要有主见、有原则。

第三，慎重择友。

第四，提高认识水平。

第五，学会独立思考。

第六，防止决策失误。

脆弱心理

青少年大都从小一帆风顺，要风得风，要雨得雨，完全是少年不知愁滋味。他们缺乏生活的磨炼，心理异常脆弱，承受能力更是不堪一击。在学校，教师一句善意的批评，他们就会感到委屈、痛苦；一次考试成绩不理想，他们就会感到失意，失去信心；没有被评上先进，他们就会恨老师、恨同学；在家做错了事，父母责备几句，他们就会离家出走。更有甚者，遇到挫折，就要寻死觅活。无疑，这在无形中无论是对家庭，还是对学校，都带来了严重的危害。

那么，究竟是缘于什么才导致青少年有如此脆弱的心理呢？

（1）过度期望，违背客观规律。

（2）宽容呵护，缺乏严格要求。

（3）不能正确引导生长规律。

◆脆弱的孩子

(4)“严即为爱”的陈旧教育理念。

(5)心理创伤没有释放的环境。

青少年，本该尽情地享受青春灿烂的时光，但脆弱的心理侵蚀着他们的心灵，甚至让他们选择了一条不归路。

案例

伟是一个小学四年级的男孩。有一次，他在上课时与同学传纸条，老师发现后，严厉批评了他。由于这段时间他的纪律观念一直不够强，因此，老师通知了家长，希望家长配合教育。可是，谁都不曾想到，这个孩子竟然认为自己受到了极大的挫折，选择了自杀。一个花一样年龄的孩子就这么陨落了。

可见，拥有脆弱心理的青少年，他们更像容易破碎的玻璃娃娃：在生活或学习中，稍有不顺，便会陷入消极心境中，甚至采取极端的方式对待自己。

◆战胜脆弱，原来并不是很难

心理安全贴士

对青少年来说，他们究竟应该采取什么措施来杜绝脆弱心理的滋生呢？

第一，经常性地去尝试一些自己不容易做到的事情。

第二，无论发生什么事情都不要逃避。

第三，学会坚强。

第四，多去帮助他人。

浮躁心理

当下，对青少年来说，在他们的心灵深处，总有一种力量使他们茫然不安，让他们无法宁静，这种力量叫浮躁。浮躁就是心浮气躁，是成功、幸福和快乐最大的敌人。从某种意义上讲，浮躁不仅是人生中最大的敌人，而且还是各种心理疾病的根源，它的表现形式呈现多样性，已经完全渗透到青少年的日常生活和学习之中。可以这样说，青少年的青春是同浮躁斗争的青春。

在浮躁心理的驱使下，有的青少年要么对前途盲目，要么做任何事都缺乏思考和计划，要么学习时心神不定，缺乏主动、恒心及毅力。他们中的有些人，看到歌星能赚大钱，便盲目地想当歌星；看到著名的作家名利双收，又想当作家……就这样，整天处于浮想联翩中，却又不愿付出行动，最终一事无成。

◆究竟是什么让我们如此浮躁

案例

王森是一名初二的学生。他可谓爱好广泛，什么都想尝试，但却从未坚持做过一件事情。比如，他有一段时间迷上了画画，就整天在那画啊画啊，还央求妈妈为他买了一套画笔。可是，好景不长，也就十来天吧，他又爱上了唱歌。于是，又开始亮起他的破锣嗓子声嘶力竭地练歌……

可是好景不长，他又迷上了足球，又疯狂地购置球衣、运动鞋，开始在绿荫场上狂奔。妈妈实在受不了他的三分钟热度，试图和他沟通，但都无济于事。他依然按照自己的兴趣，不断地尝试新的体验，但未曾在一件事情上有所收获。

可见，对青少年来说，他们若想在将来有所作为，必须经得住外界花花绿绿的诱惑，要沉下心来，坐得住冷板凳，才能保证心灵的畅通无阻，才能让知识铭记于心，印在脑海。

◆以静制动

心理安全贴士

青少年拥有浮躁心理是一种不健康的表现。浮躁不仅会使青少年失去对自我的明确定位，还容易让他们随波逐流、盲目行动。那么，青少年究竟该如何克服浮躁心理呢？

第一，要了解自己。

第二，要有务实精神。

第三，调节好自己的心理状态。

第四，遇事善于思考。

第二章　常见学习心理问题

当下，随着生活节奏的加快，人们面临的压力无形之中又徒增了许多，青少年亦难逃此劫——学业日益繁重。面对越来越重的背包，他们要么经常抱怨，要么出现饱和状态，要么厌学……事实上，这些都是正常的反应。若予以正确调节，相信，假以时日，他们定能以全新的姿态重新投入学业之中，取得骄人成绩。

学习疲劳、厌学

当下的青少年，作为祖国未来的接班人，可谓肩负重担。因此，为了打好基础，他们唯有先充盈自己，待羽翼丰满之后，再施展才华。于是乎，他们自行苦读，或是碍于老师或家长的谆谆教导，他们不得不好好学习。但是，他们长期枯燥的学习，难免会出现疲劳、厌学的排斥心理，这些严重影响了学习效率，以至于学习成绩一落千丈。

1．学习疲劳

学习疲劳是指长时间连续紧张学习后，由于身心过度疲劳所导致的学习效率下降的现象。它通常包括生理疲劳和心理疲劳，前者指肌肉与神经系统的疲劳，后者则指情绪烦躁、注意力涣散、思维迟钝、反应缓慢等。

目前，学习疲劳在青少年之中普遍存在。一旦出现学习疲劳，他们

◆我真的很累

通常都会具有以下一些症状：

（1）早晨起床后，感到全身无力，四肢迟钝，心情不好。

（2）学习没有兴趣，听课、做作业、看书注意力不集中。

（3）眼睛容易疲劳，视力下降，记忆力下降。

（4）感觉困乏，可是躺在床上又睡不着。

如果你发现自己出现上述症状之中的任何一项时，那么，你一定要提高警惕。因为，那多半已经说明你已经开始出现学习疲劳了。

学习疲劳包括暂时性学习疲劳和慢性学习疲劳两种。暂时性学习疲劳通过休息、睡眠即可以消除，慢性学习疲劳的消除则需要花较大力气。那么，究竟又是什么引起学习疲劳的呢？

（1）学习负担过重。

（2）学习方法死板，缺乏良好的学习习惯。

（3）缺乏学习兴趣。

（4）脑营养不足。

慢性学习疲劳的危害很大，如果没有及时调理，难免会出现恶性循环的现象，致使你们拿起书本就会头疼，甚至听到“读书”两个字，都会浑身不舒服。

案例

陈晨是名小学六年级的学生，平日里比较好学。最近，为了能够顺利考上重点中学，她不惜熬夜读书，甚至连课间休息的时间都被占用了。最初，她还感觉精力充沛，学习劲头十足。可是，好景不长，她便觉得自己很容易犯困，有时刚拿起书本便感觉头疼得不行。陈晨急坏了，眼看着大考临近，可是自己却偏偏学不进去。于是，她强迫自己看书，强迫自己背诵，但都无济于事，她的大脑已接收不了任何信息。

由此可见，长期将自己置身于高压状态，即便遨游于书海之中，也难以收到成效。

2．厌学

对青少年来说，厌学是指他们对学习否定的内在反应倾向。通常包括厌学情绪、厌学态度和厌学行为，其主要特征是对学习厌恶反感，甚至感到痛苦，因而经常逃学或旷课。厌学的直接后果就是导致他们的学习效率下降——完成一定学习任务的速度和质量降低。拥有厌学心理的青少年，大都对学习存在认识偏差，他们认为学习成绩的好坏对自己的未来发展和理想实现并无多大关系。而且，他们自视学习能力低下，把自己看成是学习中的失败者，又常常以消极的态度对待学习活动，对学习缺乏兴趣，很少将精力放在学习活动之中。不过，碍于老师或家长的压力，又不得不勉强学习，久而久之，便形成了恶性循环，他们因此也就更加厌恶学习。

或许，对青少年来说，他们并不知道自己已经拥有了厌学心理。那么，厌学症又具备什么症状呢？

（1）对学习功能存在认识偏差，认为读书无用。

（2）对学习态度存在认识偏差，消极对待学习。

（3）对学习活动存在认识偏差，远离学习活动。

（4）学习成绩差，而且有愈来愈糟的趋势。

◆不愿上学的孩子

或许，对青少年自身来说，也很想“一心只读圣贤书”，但碍于外界的纷扰，面对社会、家庭、教学内部的种种因素，于无形之中便滋生了厌学心理。

案例

小青是一名小学三年级的学生。在读一、二年级的时候，她的学习成绩还算理想。可是，自升入三年级以来，她便发现自己根本听不懂老师讲的是什么。无论是语文课抑或是数学课，她听起来都无异于“天书”一般。她急坏了，赶忙在课下用功，但结果也好不到哪去，她依然稀里糊涂。后来，她决定预习功课，但也无济于事，她依然听得云里雾里。她彻底失望了，开始有种破罐子破摔的打算。没过多长时间，她甚至开始旷课，讨厌学习。她试着向父母说起退学，但遭到了反对。无奈之下，她选择了逃学：每天按时起床，但并非去学校，而是沉迷于网吧或是在街上徘徊；待时间差不多时，她便回到家中。大概过了两个星期的时间，老师便通知了她的家长，询问一下具体情况。而也正是在此时，她的父母才如梦方醒：原来自己的女儿一直在逃课。没办法，他们只得为她办理了休学手续。

可见，厌学心理不可小觑，更不可任由其发展下去，否则真的会毁了自己的大好前程。

心理安全贴士

青少年可以采取以下措施来克服学习疲劳和厌学心理。

第一，保证充足的睡眠，提高睡眠的质量。

第二，学会活动性休息，用锻炼战胜疲劳。

第三，不同科目交替学习，预防疲劳的产生。

第四，做脑保健操。

第五，科学合理安排学习时间，提高学习效率。

第六，适当地听一些轻音乐。

第七，调整好心态。

学习“高原现象”

不知道你们可曾遇到过这种现象——当学习一段时间后，便会出现注意力分散、情绪厌倦、身体及精神疲劳……于是乎，你们顿感惊慌失措，不知如何是好。事实上，这种现象在心理学中称为“高原现象”，是一种正常的学习现象，每个人都会遇到，它不过是学习过程中由一个阶段进到另一个较高阶段的小波谷。因此，对你们来说，切记要不急躁、不烦恼、不慌乱，树立自己一定能度过学习高原期的信心，保持平和的心态，始终相信自己的学习能力。继续保持旺盛的学习热情和干劲，充满信心，相信“科学有险阻，苦战能过关”。相信在不久的将来，你们定能战胜“高原现象”，再度投入到良好的学习状态中去，从而取得骄人的成绩。

案例

都说高考是人生的一道坎，眼看着还有不到三个月就要高考了，可是小威却一点心理准备都没有。

看着黑板上的“高考倒计时”，小威心里一阵不可名状的恐慌，上次模拟考试定的计划是前进五名，可是这回发下成绩单后，自己不但没有进步，反而倒退了两名。每每想到成绩单上那个触目惊心的分数，他就浑身涌出一阵阵寒意：“以自己现在的状态，别说考上重点大学，就是考好点的本科都没有十足的把握。”

于是这几个星期小威又加紧了复习，妈妈除了每天给他变着花样做好吃的以外，还专门给他请了辅导老师，一切都在正常的轨道里运行，可那成绩就像老僧入定，还是纹丝不动。

到底是哪出了问题，是他生病了吗，还是复习的方法不对……其实他并没有生病，复习的方法也没什么问题，只是出现了学习中经常出现的“高原现象”。

事实上，相当多的青少年在临考前的复习阶段都会出现一段时间学习成绩和复习效率停滞不前，甚至对学过的知识感觉模糊的情况。这是一种很难回避的客观现象，但它的存在并不意味着你们的学习成绩已经到了极限。心理素质好的青少年反而可以利用这个阶段进行反思和积累，及

◆深陷“高原现象”的孩子

时调整，学习就会有很大的进步。

心理安全贴士

面对一次次考试成绩的不理想，眼看着自己的努力付之东流，许多同学都开始觉得很压抑，虽然自己正在努力克服，但是收效甚微。以前很多会解的题，现在也不会做了，心里真的很担心，特别是在看到以前没有自己学得好的同学已经超过自己，心里很不是滋味。事实上，这样只会徒增烦恼。那么，对他们来说，究竟采取什么样的措施才可以克服“高原现象”呢？

第一，激发好奇心。

第二，变换一下学习形式。

第三，确保每天的学习任务一定要适度。

第四，打好原有知识基础。

第五，多向老师和同学请教。

第六，学用结合。

第七，提高学习能力。

第八，增强克服困难的意志力。

第九，丰富自己的知识。

第十，坚持就是胜利。

缺乏学习动力

“为什么我现在根本就不想学习？”“为什么非得有人逼着我才会学习？”相信，当下不少青少年都存在着诸如此类的问题。事实上，这不过是因为他们缺乏学习动力，唯有在外力的作用下，他们才会不情愿地抱起书本。可想而知，他们的学习效率也不会高到哪儿去。

对青少年来说，他们中的一些人要么认为学习是为了完成父母和老师的任务，要么是因为迫于家庭的压力已经产生了厌学心理，要么是认为学习方式沉闷单调，越学越觉得枯燥乏味……久而久之，他们便形成了一种奴性，唯有鞭策，才能付诸行动。

据大量调查研究表明：青少年的学习动力不足已成为制约学习效果的主要因素。其主要体现以下几个方面：

（1）无明确的学习目标和学习计划。

（2）无成就感，无抱负和理想，无求知欲和上进心。

（3）兴趣的中心不在学习上，对学习消极应付。

◆学习要有动力

案例

李明是一名高三的学生，眼看着高考就要来临，可他还是一副吊儿郎当的模样：依旧只想着玩游戏、看闲书。他的父母实在看不下去了，就叮嘱了他几句。可对他完全不奏效，依然我行我素，心思完全不在学习上面。班主任也曾批评过他，但照样无济于事，他还是完全提不起学习的劲头，依然看着与学习无关的闲书，等着高考的临近。

不知道你们是否也有同感呢？眼看着大考在即，却依然“心急手不动”，管他东南西北风，我依然稳坐泰山。唯有当大考结束，方握着可怜的成绩单追悔莫及。

心理安全贴士

青少年可以参考以下几条建议来消除缺乏学习动力的现象：

第一，激发自身的理想目标。

第二，要有责任意识。

第三，拥有一颗感恩的心。

第四，加强与他人的沟通、协作能力。

第五，改变学习方法，提高学习效率。

第六，增强耐挫力，激发上进心，从而激发学习动力。

第七，尝试面对事实和压力。

第八，转移注意力。

学习考试焦虑

心理学家曾经做过实验，把健康的兔子放在老虎笼旁边，尽管给兔子平时最喜欢吃的东西，但兔子由于恐惧心理，它并没有存活多长时间。心理学家把这种恐惧心理称为“虎兔效应”。据调查，当前青少年之中存在学习焦虑心理、考试焦虑心理的学生占有很大比例，这不仅影响了他们的学习生活，而且对他们的健康成长也存在很大的负面影响。

1. 学习焦虑

所谓焦虑，是对当前或预计到对自尊心有潜在威胁的任何情境而产生的一种担忧的反应倾向。它是由于个体受到不能达到目标或不能克服障碍的威胁，致使自尊心与自信心受挫，或致使失败感或内疚感增加，从而形成的一种紧张情绪状态。而学习焦虑则是指一种一般性的不安、担忧和紧张感，其原因在于害怕学习失败，担心不能完成学习任务以至随之而来的自尊的丧失。

一般来说，学生在学习上的心理问题，以学习焦虑最为突出。而目前学习焦虑则有以下八种类型：

◆陷于学习焦虑中的孩子

（1）逆反对抗型

这类学生的独立意识很强，在学习上有自己固定的模式，认为师长的严格管教完全是多余的，不愿他人干预他们的任何事。特别是当学习出现滑坡时，他们对家长的询问，尤为反感。

（2）自视过高型

这类学生的能力较强，学习刻苦、自觉，但对自己能力的估计往往超过自己的实际水平，给自己定的目标过高，总认为自己高人一等，看不起周围的同学，一心想出类拔萃，终日辛劳，却有“付出”多于“收获”的失落感，又不甘于现状。他们非常关心自己学习成绩的名次，嫉妒成绩比自己好的同学，一点小小的挫折就能造成他们情绪上的波动，甚至怀疑自己的意志力，责备自己不够坚强，未能完成计划。

（3）羞涩自卑型

这类学生或因学习基础较差，或因学习能力较弱，学习成绩往往不甚理想。他们有较重的自卑感，却总是想获得成绩好的同学的那种“风光”、“地位”，于是埋头学习，暗地里与人攀比，同时又十分在意别人对自己的态度和自己在同学中说话的分量。他们平时不太言语，羞于与人交往，不愿与人谈论学习，逐渐脱离群体，变得孤独。

（4）考试恐慌型

这类学生对考试有一种恐惧感，总是担心考试成绩不理想。他们平时的学习情况比较正常，但每逢考试就紧张不安，出现审题不清、解答不如平时的情况，有的学生甚至听到他人翻动试卷的声音都害怕，以为时间不够用了，于是手忙脚乱，匆忙答题，也顾不上正确与否了。更有甚者还会出现思维混乱，记忆力短时消失，头脑中一片空白的情况，就连最简单的题目也不会解答。

◆好怕考试

（5）寻求表现型

这类学生的学习成绩较差，经过多次努力后，自知在学习上难以有所作为，因而有较重的自卑感，但他们又不甘心被人瞧不起或被别人忽视，故有强烈的引起别人重视的欲望。因此，他们在课堂上或考试中常采用出人意料的异常举动如不经思考抢答问题，或大声取笑别人的答题，或考试时早早交卷；在与同学交往中，或主动为他人做些有益的事，或强迫别人服从自己，以维持自己的“自尊”，让别人承认自己的“价值”。

（6）自疚自责型

这类学生在学习方面勤奋努力，对自己的要求颇为严格，把满足师长的愿望当成自己的学习奋斗目标，对师长在生活上、学习上给予的无微不至的关怀"感恩戴德"，在"望子成龙"的压力下学习、生活。他们在学习上唯恐出现丝毫差错，稍有不顺，便自责不已，甚至有负罪感。他们不论学习能力强弱，都会因一时的失误导致对自己能力的怀疑而忧心忡忡。

（7）自由散漫型

这类学生大都认为"读书无用"，在学校里完全是混日子，因此他们在学习上无进取心，纪律性不强，上课精神不振，课后却很活跃，社会交往较多，喜欢赶同学中兴起的各种时髦。他们偶尔也有心血来潮学习的时候，但往往不能持久，因此学习成绩不稳定，时好时坏。

（8）娇惯松弛型

这类学生从小养尊处优，凭借家庭的力量升学，一帆风顺，甚至将来的发展前途家中也早做好安排。尽管他们中一些人的父母对他们要求也较严格，但也只限于学业，生活上则采取放纵的态度，忽视对他们人格、素质的培养与训练。他们平时对待学习则敷衍了事，上课时注意力难以集中，课后也从来不碰书本，临考时便匆忙应付。

事实上，无论是哪种类型的学习焦虑都可能导致青少年在学习上出现不同程度的观察力减弱、注意力难以集中、记忆力降低、思维迟钝等不良后果，对他们的学习有明显的消极作用。

对青少年来说，学习焦虑基本上是非病理性的一种状态焦虑。他们的学习焦虑常常表现为以下一些方面：一是面对眼前学习任务中的困难，产生了紧张不安、慌乱惧怕的心理；二是面对设置的学习目标，对能否达到目标没有把握，进而视目标为一种威胁而产生的害怕心理；三是面对不理想的学习结果和对自己过分的指责而产生的失败感、内疚感以至负罪感。

案例

小卫无论是在老师的眼中，还是在父母的眼中都是个优秀的孩子：学习成绩优异，又无不良嗜好，对待同学也够真诚。按理说，小卫的学生生涯应该还是顺利的。但是，最近，小卫却莫名地觉得不安。因为，就在前两天，班主任推荐他代表学校参加市里举办的作文大赛。最初，小卫兴奋得不行，但继而便莫名地焦躁起来，甚是担心自己会出现什么差错，担心自己拿不到名次而遭到同学耻笑。小卫倍感煎熬，眼看着大赛临近，小卫开始打起了退堂鼓。尽管班主任百般鼓励，也改变不了小卫退赛的决定。万般无奈之下，学校只得临时让另外一名同学代替小卫参加了比赛。而小卫，也因此错失了一次可能成功的机会。

可见，对青少年来说，若是对自己的期望值过高，反而会愈加加重学习中出现的焦虑心理，以致将“有所为”转化为“无所为”。

2. 考试焦虑

对青少年来说，考试焦虑是他们之中常见的一种以担心、紧张或忧虑为特点的复杂而延续的情绪状态。在考试之前，当他们意识到考试对自己具有某种潜在威胁时，就会产生焦虑的心理体验。他们怀疑自己的能力，于是乎，便开始忧虑、紧张、不安、失望、行动刻板、记忆受阻、思维呆滞，并伴随一系列的生理变化，如血压升高、心率加快、面色变白、皮肤冒汗、呼吸加深加快、大小便增加……这种心理状态若持续的时间过长则会出现坐立不安、食欲不振、睡眠失常，严重影响身心健康。事实上，出现考试焦虑心理，是他们对考试具有自律性和责任心的表现。

通常情况下，青少年中存在的考试焦虑主要有两种趋向：一种是临到考试之前开始感到紧张和焦虑；一种是在学习过程中长期存在学习焦虑，而一到考试之前则表现得更为强烈。但不管是哪种趋向，它们的导火索无外乎“考试这一紧张情景”。只不过前者的学习成绩有好也有差，

◆考试焦虑中

而后者则基本上是因为学习成绩一贯不是很好，对自己缺乏信心所导致。事实上，不管是哪种焦虑，心理研究的结果都早以证明，适度的焦虑对于考试来说是最能发挥自己水平的。一点不焦虑的学生反而很容易大意失荆州，而过度焦虑的学生则会对自己形成一种抑制作用。

案例

丽华是一名初三的学生，即将升入高中。她平时的学习成绩还算不错，按理说可以考上一个不错的高中。可事实却不尽然：中考揭榜后，她的分数少得可怜，甚至连高职的分数都不够。丽华伤心得不行，难道自己辛辛苦苦地学习换来的只是如此惨淡的分数。她不甘心，因为她很清楚自己落榜的原因——考试焦虑症。就在临考的前几天，她不知为何心慌得不行，很是担心自己不能考上心仪的高中。当步入考场的一刹那，她就知道，这次真的完了。因为自己紧张得不行，甚至走路都有些不稳。而当她看到试卷后，她更是傻了眼，她只觉大脑一片空白，什么公式、什么诗词、什么英语句式……她全都忘得一干二净，越是心急越是想不起来，眼看着时间一分一秒地过去，可她的大脑里依然一片空白，她顿觉欲哭无泪。

由此便可知，对青少年来说，考试时的焦虑心理必须控制得当，方可发挥作用，否则，只会化为阻力，令他们在考场中失足。

心理安全贴士

对青少年来说，他们究竟采取什么措施来控制学习考试的焦虑心理呢？

第一，多做户外运动。

第二，多听一些轻音乐。

第三，合理宣泄，缓解焦虑。

第四，转移注意焦点，增强动力。

第五，悦纳自我，提高自信。

第六，科学安排时间，认真备考。

第三章　青春期心理安全

青春期，是每一个人的必经阶段；青春期，是介于儿童期与成年期之间的那段最为美丽的日子；青春期，是青少年从儿童期到成人期的过渡。美国作家塞林格的小说《麦田里的守望者》、歌德小说《少年维特的烦恼》、中国电影《阳光灿烂的日子》、美国电视剧集《成长的烦恼》里都有很典型的青春期青少年形象。当然，回归到现实，任谁也难逃“柴米油盐酱醋茶”的打磨。

有人说，青春期的孩子都很任性；有人说，青春期的孩子都很叛逆；有人说，青春期的孩子都有自己的一番小理论；有人说，青春期孩子的心思很难捉摸……他们，要么很乖，要么愤世嫉俗，要么拒人（家长）于千里之外……他们飘忽不定的心理，他们时不时闪现的稀奇古怪的“小点子”，都充分地在向人们昭示着：青春无价！

◆年轻真好

是的，青春期是人一生中最美丽的时期，是经历蜕变的一个关键时期，无论是身体还是心灵方面，他们都要历经急剧的变化，难免会滋生出一些莫名的对立情绪——在精力旺盛之后，接着是无精打采和疲劳厌恶；尽情欢歌笑语继以烦躁消沉和忧郁厌世；自我中心、虚荣自负和谦卑、羞辱、扭捏相交织；想与世隔绝却又纠缠于恋爱和友情；有时敏感温和，有时又麻木和残酷无情；向往偶像和权威却又有反权威的激进……

面对早恋失恋

或许，在其他人的眼中，你还只是一个无知的孩子，根本不懂得什么是感情，更不明白什么是爱情。可是，在你小小的身体里，在你的心里，却有自己的一番“小世界”、小烦恼：你开始喜欢关注漂亮帅气的女生／男生；开始注意自己的衣着打扮，以期亮丽的外表能引起异性的注意；开始喜欢甚至盼望着每天都能看见某个女孩／男孩；开始试着接触自己心仪的异性……于是乎，你们早恋了，触碰到家长亦或是学校最为敏感的“清规戒律”。但“教条”根本无法束缚你们那颗对异性渴望的心，管他什么三令五申，你们依然贪婪地享受着地下恋情。或许，是你们太年轻吧，或许，只是出于好奇吧，好景不长，你们那段看似甜蜜的“爱情”便夭折了，于是乎，你们又加入了失恋的大军。在那段日子里，你们或伤心，或悲观，或失望……而事实上，这些都是再自然不过的反应，是你们中的绝大部分人必然要经历的阶段。既然无法逃避，那就坦然地去面对……等待你们的又将是美好的明天，新的旅程！

1．早恋

早恋，也叫做青春期恋爱，指的是青春期或青春期以前的少男少女出现过早恋情的现象。

或许，因为你们年少，对早恋观念的淡薄，那迷惘的思想，常常牵引你们走向悬崖，爱的冲动，就像红色血液冲击着整个身体；或许，你们认为没有一件衣裳比“爱”更合身，没有一件装饰比“爱”更迷人。因而，常常为爱低头，为爱付出沉重的代价……然后，选择无条件投降，把自己弄得伤痕累累，无法自拔。

或许，你们早就明白，一心不得二用，恋爱与学习很难兼顾。于是乎，上课时心不在焉，心神不定，最后导致成绩下滑……既然你们已经对早恋会引起的诸多“效应”了然于胸，为何还要飞蛾扑火？难道只是因为自己太孤独？难道只是因为心中有她／他，你才会在每个夜晚，在台灯投射到的墙上留下自己努力奋斗的身影？

青少年的恋情是自然单纯的。有的孩子，甚至当有人喜欢上她（他）时，就会感到茫茫然不知所措，心神不安，似乎天塌下来了。理由很简单——他们是怕自己掉进万丈深渊，怕影响学习。可是，怕或逃避能解决问题吗？你不妨顺其自然，伸出温暖的双手去迎接它，让这份“爱”成为上帝赋予你生命中最大的恩赐——如果可以，请你把这份爱深深地埋在心里，等时机成熟，再打开爱的大门。就像一个默默耕耘的农夫一样，等待庄稼成熟后，再收割。

或许，你会说，这样心里会很难受，心情久久不能平静下来。此

◆彼此爱慕

◆恋爱中的孩子

时你可以采用情感转移的方法，比如去打篮球、看书、积极参加课外活动等……

案例

小纯是名高一的学生，本是个品学兼优的好学生，可是最近她的学习成绩却明显下滑。她当然清楚原因——早恋。是的，她谈恋爱了，而且爱得还挺深。小纯也知道自己错了，但又能怎样，心中那份爱始终不能平息下来。于是，小纯决定告诉自己的母亲，希望她能帮助自己。

当妈妈听完她带着哭腔的诉说后，并没有大发雷霆，只是柔柔地问她："你是不是非常喜欢那个男生？"

"嗯，只有他才帮助我，只有他才理解我。"小纯怯怯地说。

"嗯，好，女儿你长大了，应该有自己的想法和看法，妈妈只能支持你，但是你知道吗，妈妈高中的时候也和你一样。但是妈妈有自己的理想，有自己的目标。我和你爸爸为什么能走到现在，只因为我们彼此知道，谁都有自己的目标还未实现，所以我们一起努力去实现它，最后才能走向幸福，你懂吗？"

“嗯，我懂了。”小纯的眼泪涌出眼眶，而且她也知道自己该如何解决这段恋情。

可见，早恋不过是颗过早发芽的种子罢了，唯有待它长成参天大树，才能开花结果。

你们的青春，就像大海另一边升起的曙光，如果不好好把握，它就会像流星一般转瞬即逝。所以请你们要珍惜它的每一分每一秒，不要给自己的未来留下任何悔恨。

2. 失恋

或许，是因为你们还太年轻；或许，是因为你们的人生观、价值观不同；或许，是因为你们受到了外界的阻挠……总之，你们失恋了。背负着无可着落的情感，你们顿觉被抛弃，开始莫名的焦虑、苦闷，深感生活无趣，甚至想到了轻生……其实何必，失恋不过是爱情路上必然出现的小插曲。况且，你们毕竟还是学生，应该以学业为主，及早地跨出失恋阴影，以全新的姿态投入学习之中。

案例

小美，16岁。高中一年级学生。

小美在上高中之前，从来没有对一个男生产生过爱慕之情。上高中后，她喜欢上了一个男孩，虽然她也知道现在不适合谈恋爱，但还是主动向那个男生表白，开始了第一次恋爱。相恋以后，他们曾因性格不合、学习问题、价值观不同等发生过几次争吵，使得男生越来越不耐烦，最后放弃这段感情。一天，男孩提出要和她中断恋爱关系，要以学业为重。这对她来说无疑是一个沉重的

◆花样年华，别样青春

打击，她觉得活在世上一点激情都没有了，以前所有的期待与憧憬瞬间化为泡影。

很多天以来，小美情绪抑郁，心烦意乱，她也深知感情是不能勉强的，再说自己正处在人生中的重要阶段，学习才是最重要的，应该尽早忘记这件不开心的事情，重新开始新的生活。但是无论怎样，小美都无法忘记这段恋情。白天她用学习、看书来充实自己，不给自己的头脑一点空闲时间。但是，一到晚上，前男友的样子就总是在她的脑海里出现，想着他是如何逗自己开心，还有放学后一起散步的林间小径……这一切，这一切，小美始终挥之不去。失恋的痛苦像做不完的噩梦，深深地折磨着小美的心，也令她的学业一落千丈。心伤加之学业的打击，小美彻底崩溃了，她甚至想到了死——割脉自杀。还好，被同学及时发现，送进了医院，才没有断送掉她如花的生命。后来，在心理医生的悉心治疗下，小美渐渐抚平了心伤。

诚然，失恋是痛苦的，但真的没有必要将自己逼近“死胡同”。要知道，在你们花一样的年华，学习才是最重要的。唯有有一定的知识修养，将来才能有所为，而那时，爱情自然也会光顾！

◆失恋并不可怕

心理安全贴士

当你们面对早恋，或是遭遇失恋后，不妨参考以下几点建议。

早恋：

第一，要将学习放在第一位。

第二，要将友情放在第一位。

第三，增强自制力。

第四，学会拒绝。

第五，树立正确的爱情观。

第六，自我觉醒。

第七，可以向老师或家长请教。

失恋：

第一，自我觉醒。

第二，适当的时间和方式发泄心中的苦闷。

第三，不可死缠烂打。

第四，学会自立自强，切莫自暴自弃。

第五，释放郁闷时，找一个可以交心的朋友，向他一吐为快，以释放心里的郁闷。

第六，转移注意力。

理智对待异性爱慕

“熟透的苹果落地是有万有引力的作用，而苦涩的青苹果落地是因为爱情的作用”。随着青春期的到来，你们开始从“两小无猜”的童年，过渡到“盈盈一水间，默默不得语”的“思春期”，甚至开始渴望异性的爱慕。而一旦有勇于吃螃蟹的孩子向你倾诉爱慕之情时，你大都不知所措，或欲拒还迎，或狠心拒绝，或羞答答地接受，或直接上报老师，令对方羞愧难当……

或许，于你们看来，老师的教学实枯燥无味，生活也单调无比，而对异性的渴望，对异性的爱慕，无疑为你们的青春时代增添了生动的一笔。不过，早恋就像一朵带刺的玫瑰，一旦情不自禁地抚摸，就会被无情地刺伤。因此，当那份伟大的爱情出现在你面前时，你可以选择"至尊宝"的态度，马不停蹄地错过，而选择用知识充盈自己。当然，做不成"恋人"还可以做朋友，正确处理彼此之间的关系，在学业上彼此互助，这也不失为一种不错的选择。

在花一样的年华，试问，哪个少年不多情，哪个少女不怀春？关键，要看你以什么样的态度去面对。相信，当听到异性对自己表达爱慕之意时，谁的心中没有一丝欣喜之意？尤其那个人还是自己心仪的对象时，相信更没有人能压抑得住心中的那份柔情。于是乎，纷纷坠入爱河。不过，相信你们爱得并不坦然，你们的心灵也没有得到解放……反而，心

◆爱慕一个人，难道有错吗？

中更加惶恐，心理承受的压力愈加增大。因为你们毕竟在春天里做了秋天才该做的事。因此，对你们来说，应该理智地对待异性之间的爱慕之情：或将这份爱慕之意隐藏在心底，作为激励自己学习的动力；或果断地拒绝，将彼此之间的关系界定为朋友……

案例

小月今年初二了，不仅品学兼优，而且长得非常漂亮，是名副其实的班花。因此，爱慕她的人很多很多。一天，她收到了一封情书：

我们在一个班相处一年多了，你给我留下了深刻的印象。你聪明、美丽、乐于助人。你那双会说话的眼睛常令我心神不定，我真的很喜欢你！星期六下午如果没有其他活动，你在学校门口的肯德基等我，咱们好好聊聊好吗？非常非常喜欢你的人——陆杰

小月看到这封情书时，觉得里面的言语简直俗不可耐。所以，她不假思索地将情书交给了班主任。为了起到杀一儆百的作用，班主任在班上宣读了情书的内容，并当众将陆杰训斥了一顿。陆杰顿觉羞愧难当，并以一种愤恨的眼神死死盯着得意的小月。当接触到陆杰的眼神时，小月也吓了一跳，她开始后悔自己的所为，并隐隐觉得会出事。

果然，一个星期后，陆杰在小月放学回家的路上将她截住，将一瓶硫酸泼到了小月的脸上……小月重度毁容，生命岌岌可危；陆杰受到了法律的制裁；而当初他们的班主任也因情书一事处理不当而受到了相应的处分。

可见，面对异性的爱慕之情，如果采取不妥的处理方式，也会酿成悲剧！

青少年朋友们，不知道你们可曾听过这段顺口溜：天涯何处无芳草，为何要在中学找？现在可选数量少，质量未必好，春天的事情春天做，秋天的事情秋天做，保证效果好。

相信，将其牢记于心，时刻警醒自己，定能起到不错的效果！

◆青少年要正确对待情书

心理安全贴士

对青少年来说，当面对异性火辣辣的爱慕之意时，抑或自己求爱未果时，不妨采取以下建议：

第一，在心底告诉自己：以学业为重，现在还不是恋爱的最佳时期。

第二，尊重对方。

第三，没必要老死不相往来，可以尝试着做朋友。

第四，果断地拒绝，不为对方留下任何幻想的余地。

第五，即使被拒绝，也不要因此怀恨在心。

第六，化悲痛为力量，努力学习知识充实自己。

正确对待单相思

关关雎鸠，在河之洲，窈窕淑女，君子好逑。现实生活中，很多人都会产生单相思，而无关男女。单相思是建立在向往异性心态上的一种感情取向，它是以一方对另一方的一厢情愿的思慕为特征。单相思还有一个比较文雅的名字——“爱情错觉”。

或许，是因为你性格内向；或许，是因为你敏感、爱幻想；或许，是因为你的内心世界够丰富……不知不觉就叩开了单相思的大门：先是无可救药的爱上了她/他，但碍于不敢大胆表白和追求，就迫切希望她/他也对自己中意。就这样，你在这种弥散心理的支配下处处寻找两人“般配”和“相爱”的佐证，把双方一些偶然的巧合看成天作之合，把她/他的无心插柳当做落花有意，在心里将两人的“爱情”煞有介事地进行演绎。于是乎，你在单相思的岔路上越走越远，虽说甜蜜无比，但也痛苦万分。因为你只能眼睁睁地看着钟爱之人在自己的视线范围内，或喜或悲，却不能正常地向她/他倾诉柔情，更不能感受到她/他温馨的爱意。

◆相思成灾

如此说来，单相思是没有结果的爱，是无望的等待，是感情的自我折磨，无形之中便会影响了你的生活与学业。因此，早日摆脱这份心理纠缠，回到正常的轨道中来，对你的成长是非常有必要的！

或许，除了你的性格外，还有其他的一些因素，也会令你陷入单相思的尴尬局面。

第一，过于天真。

第二，发生误会。

第三，美化“意中人”。

第四，爱慕虚荣。

第五，怕影响自己的学业，只能将爱慕之情隐藏心底。

案例

王晓最近喜欢上了隔壁班的一个女生。他觉得她漂亮，有气质，一言一行都透露着优雅。王晓已经深深地被她吸引，甚至在做梦的时候都会见到她。但在现实生活中，每次见到她，王晓都只能远远地望着她，看着她慢慢走远。因为他根本没有勇气向她表白，只因在他心里，她俨然是一个女神，她漂亮优秀，自己则平凡无奇。有一次，王晓好不容易鼓起勇气拨通了她的电话，却支吾了半天说不出一句话。他知道自己是在单相思，而且他也明白：如此下去，这段相思迟早会让他窒息的，但是他又找不到解决的办法，只得继续忍受煎熬。

◆单相思，是我错了吗？

事实上，对异性产生好感和爱慕是一种很自然的、正常的心理现象，单相思既非花痴，也不是罪过，主要是“不合时宜”。

心理安全贴士

对青少年学生来说，面对那种“剪不断，理还乱”的单相思，不妨采取以下几点建议：

第一，要客观、理智地对待恋爱问题。

第二，学会用理智战胜感情。

第三，分析单相思的成因，排除主观因素对认识的干扰，求得正确的认识，战胜自己的感情，摆脱不现实的幻想。

第四，减少接触。

第五，自我安慰。

第六，注意力转移。

第七，适当宣泄。

第八，完善人格，善于交际。

恰当回绝朦胧情感

或许，是因为你们所处的这个阶段——青少年时期，很多隐藏在你们身体抑或心灵深处的某种躁动开始日益凸显。你们的身体或如含苞待放的蓓蕾，只等着盛开的那一刻；或如挺拔的青松，满是阳刚之气。不知何时起，你们或是开始喜欢偷偷欣赏她们日渐饱满的身材，抑或是开始喜欢听他们正处在变声阶段的嘶哑声音……有时候，你们甚至看着她/他渐行渐远的身影，愣愣的发呆，连自己都觉得自己甚是可笑，但你们却依然乐此不疲，悲她/他所悲，喜她/他所喜。于是乎，你们意识到危险来了——对她/他有种特殊的情感，绝对不同于友情，但又离爱情差那么一点，朦朦胧胧，似乎正处于萌芽阶段。你们茫然了，面对这份朦胧情感，不知何去何从。斩断，有些不舍；不斩，则又担心影响学业，或怕遭到拒绝丢了面子……

◆我那早已逝去的朦胧情感

你们，正处于“一心只读圣贤书”的关键时期，而且你们又懂得鱼和熊掌不能兼得的道理。那么，孰轻孰重，孰去孰留，对你们来说，应该不会很难抉择。是的，果断斩断那份情感，趁着它还没有占据你的整个心房，趁着自己还没有陷入太深。因为，你们毕竟是学生，是新世纪未来的接班人，有着应担当的责任，而不能为了一份未成熟的情感自毁前程。毕竟，眼下的求学之路还很长，还有更美好的未来等着你们去开创。相信，在未来，在属于你们的恋爱季节，一定会有份美丽的爱情在守候着你们。

案例

他和她在学校都是被老师和同学认同的好学生：学习成绩优异，品行端正。她的座位在他的前面。最初，他们只是普通的同学关系，虽说是前后桌的关系，但也很少聊天。但是，不知道从什么时候起，他开始喜欢看她端坐的背影，她脑后的那束马尾在他看来，就像是一朵喇叭花。有时候，看着她远远地走来，他都会看得出神，眼睛一眨不眨地看着迈着小碎步的她渐渐走向他，渐渐走向她的座位。他开始渴望每天都能见到她，每天都能听到她银铃般的声音。而每到周末，他都倍感煎熬，要知道看不到她的日子对他来说真的味同嚼蜡。

他知道自己对她的情感绝对不限于友情，他已经喜欢上她了，尽管那种感觉还不是很强烈。他很想向她表白，即便判自己死刑，那也总比默默地暗恋要来得痛快！不过，他随即又想到，如果她也不反对，而同意和自己交往，那么，他是否真的已经准备好和她谈一场恋爱呢？那还有自己的学业呢？他知道人的精力有限，而且也知道他们的恋情注定见不得天日。究竟该何去何从呢？他陷入了沉思。事实上，他的心中已经有了答案——以学业为重，掩埋这份朦朦胧胧的感情。她，只能作为自己的好朋友。

她，坐在他的前排，每每看着他炙热的眼神，当然也从中读出了内容。她知道，自己并不讨厌他，甚至还有些喜欢他。但是，她也知道一旦接受他的爱意，意味着什么——背负着心灵的另一种煎熬：担心被老师或家长发现，担心影响学业。于是，她选择了静观其变，即便他向自己表白，她也要毫不留情地剪断这段尚未萌芽的感情。

可见，当男孩与女孩彼此之间的感情尚处于朦胧期时，应快刀斩乱麻，及时斩断，以免将来难舍难分。

心理安全贴士

当一份朦胧的感情放在你们面前时，你们应该怎么面对呢？是拒绝还是接受？不妨参考以下几点建议：

第一，树立正确的恋爱观。

第二，树立正确的人生观与价值观。

第三，将学习放在第一位，这份情感自然而然地就会变淡，直至完全被时间冲散。

第四，不要采取欲拒还迎的态度，要果断地拒绝。

第五，被拒绝后，不要钻牛角尖，甚至做出过激的行为。

分析“长者恋”

或许，是因为你们具有“英雄崇拜”思想；或许，是因为你们极度渴求被疼爱……总之，你们不可救药地恋上了自己的老师，对他/她无时无刻地思念。其实，在你们心理，早已经知道这将是份无果的单恋，但你们依然控制不住自己的情感，依然飞蛾扑火般地沉陷……

实际上，类似的“恋师”现象在你们之中已经十分常见。从心理学的观点来看，这是你们的性意识、性行为发展过程中的一种现象，虽然它的产生会对你们的学习、人际交往、良好人格的发展都有很大的影响，甚至是消极影响，但仍然不能否认这是一种很正常的情感。你们独立性的最高体现就是热切希望飞出“巢穴”，脱离父母的监护，在社会的大环境中纵横驰骋。但是，因为你们的社会经验不足，活动能力又太差，往往会感到束手无策。而当你们茫然四顾时，身边那些有智慧、有才华、充满成熟美的长者，便自然而然地闯入了你们的心扉，成为你们崇拜的偶像。一般来说，这种对长者的迷恋会在一两年之内逐渐消失，过渡到把同龄异性作为眷恋、向往的对象。

导致长者恋的原因是多方面的。

发展心理学的研究认为，在你们性意识发展的历程中，你们中的不少人会经历一个向往年长异性的阶段。有人称之为“英雄崇拜”，有人称之为“牛犊恋”。在这个阶段，往往表现为从对方所不注意的远处，着迷地倾倒所向往对象的一举一动，并将对象偶像化，对其体验到强烈的精神依恋。

而你们所接触最多的年长者中，除家庭成员外，便是教师。而一般来说，教师在德、才、识等方面的发展又较好，足以为你们所效法。但是，由于师生间事实上存在的诸如年龄、阅历、经验、角色等差异，令这份“牛

◆再见，无果的“牛犊恋”

犊恋”中往往包含太多寻求父兄之爱的成分。因此，这种恋情往往是单向的，“师生恋”多不能发展为通常的恋爱关系。

案例

李庆今年16岁，是一名高二的学生，本来他的学习成绩还算可以，但就是外语经常给他拖后腿。因此，为了提升自己的外语成绩，他找到了英语老师为他补习。就这样，教他英语的陈老师便时不时地在课外为他开“小灶”。陈老师是刚从师范大学毕业的女大学生，比李庆大不了几岁。久而久之，李庆便对陈老师有了好感。因此，每每看着陈老师那漂亮的容貌，听着她银铃般的声音，闻着她身上散发的阵阵清香，李庆不禁怦然心动，脑子里时时出现陈老师的面孔，并由此幻想出许多自己与陈老师恋爱的故事……

刘夏是个敏感的女孩子，是一名初中生。她的班主任杨老师是某师范大学毕业的学生，是一位非常英俊的小伙子，他看刘夏做事很认真，就夸奖了她，并说刘夏长得很像他的妹妹。从那天开始，刘夏的脑子里就全是杨老师的影子，而且她的脑子里有一个越来越强烈的念头——“如果我是杨老师的妹妹有多好！”上课时，她只要一看到杨老师的眼睛，就有一种触电的感觉。她根本管不住自己的眼睛，她越警告自己别盯住杨老师看，越是想看，即便用手捂住眼睛，可仍旧感到眼睛的余光在看老师，她不知如何是好，学习成绩直线下降，也愈发变得沉默寡言。

可见，“师生恋”对你们来说，大都是青春期的心理反应，都是青春期惹的祸。

心理安全贴士

面对一份明知无果的“牛犊恋”，你们不妨参考以下建议，或许会让你们顿觉拨开云雾现天日般的豁然开朗。

第一，藏在自己的心底。

第二，等待过的爱情才美。

第三，获得合理的认知。

第四，培养广泛的兴趣。

第五，努力去多交朋友。

异性交往有技巧

古语有云，男女有别。对你们来说，青春年少的你们正处于长知识，求上进的关键时候。而你们在这个阶段的心理特点就是要求被人理解，要求摆脱被支配，从而谋求人格独立。不过，在求学与生活中，有欢乐，有苦恼，有成功与失败，有斗争与冲突……面对着纷纷扰扰的一切，你们需要倾诉，需要理解，需要帮助。因此，渴求寻求友谊已成为一种自然现象。但碍于“一男一女”交往必有问题的传统思想，迫使你们在与异性交往时，都有很多的顾虑，以至于彼此之间不能成为好朋友。殊不知，对你们来说，与异性交往不仅是正常的，而且是必要的，能给你们带来诸多好处。

◆ 正确对待异性间的友谊

（1）智力方面

因为男孩与女孩在智力类型上是有差异的，所以，他们经常在一起互相学习、互相影响，就可以取长补短，差异互补，提高自己的智力活动水平和学习效率。

（2）情感方面

人际交往间的情感是丰富而微妙的，在异性交往中获得的情感交流和感受，往往是在同性朋友身上寻不到的。两性在情感特点上是有差别的。通常情况下，女生的情感比较细腻温和，富于同情心，在情感中富有使人宁静的力量。因此，男生的苦恼、挫折感可以在女生平和的心绪与同情的目光中找到安慰；而男生情感外露、粗扩、热烈而有力，则可以消除女生的愁苦与疑惑。

（3）个性方面

对你们来说，如果只单单在同性范围内交往，你们的心理发展往往会很狭隘，远不如既与同性交往又与异性交往更能丰富你们的个性。多向的人际交往，可以使差异较大的个性相互渗透，个性互补，使性格更为豁达开朗，情感体验更为丰富，意志也更为坚强。

想必你们都有过这种体验：有异性参加的活动，较之只有同性参加的活动，你们会感到更愉快，活动的积极性会更高。因此，你们往往玩得更起劲，干得更出色。这就是心理学上所谓的“异性效应”——当有异性参加活动时，异性间心理接近的需要就得到了满足，于是，彼此间就获得了不同程度的愉悦感，激发起内在的积极性和创造力。不过，尽管健康的两性交往对你们的成长有诸多好处，但你们也要把握好两性交往的尺度，防止“过”与“不及”：

第一，端正态度，培养健康的交往意识，淡化对对方性别的意识。思无邪，交往时自然就会落落大方。

第二，广泛交往，避免个别接触，交往程度宜浅不宜深。

第三，交往关系要疏而不远，若即若离，把握两人交往的心理距离，排斥让彼此感到过于亲密和引起心绪波动的接触。

案例

琪琪是名高一的学生，虽说是个女孩，但她的性格却颇像男孩：粗枝大叶、讲义气、不娇气。不过，也正是她的这种性格，使得很多男孩子都喜欢和她做朋友。当然，她的异性朋友里面自然不乏爱慕她的对象。但是，琪琪却将她和异性朋友之间的关系处理得很好，无论是否对她有意，她都和他们维持着好朋友的关系。如果她的爱慕对象有意或无意中流露出对她的倾慕之意，她都会适时地暗示自己与他们之间的关系只能是朋友，仅此而已。如果对方执意不肯，她便会选择放弃这个朋友。

◆我们是好朋友

可见，对你们来说，为了防患于未然，对于那些抱着谈情说爱为目的的异性朋友，最好婉言谢绝，让他／她明白你的心思，放弃对你的追求。

心理安全贴士

对你们来说，该如何与异性正常交往呢？不妨参考以下几个小技巧：

第一，宜泛不宜专。

第二，宜短不宜长。

第三，宜疏不宜密。

第四，集体交往。

第五，自然交往。

第六，自尊自重。

第七，保持心底距离，守住友情底线。

第八，做情感的主人，控制感情。

第四章　网络心理安全

当下，随着信息技术的愈发强大，网络已经不再陌生。网络世界对于那些玩酷追星、喜欢宣展自我、极富好奇心和冒险精神的青少年可来说，无疑是一个“挡不住诱惑”的新奇世界。在那里，没有国界，没有等级，他们以纵横驰骋。诚然，在某些方面网络确实是起到了不可估量的作用。不过，对青少年来说，由于他们的思想不甚成熟，懵懵懂懂，网络也在无形之中为他们带来了不可避免的麻烦甚至危害，严重影响了他们心理健康的发展：或学会逃避现实，把网络当成唯一的依托；或受网络垃圾信息的侵蚀，扭曲了他们的人生观、世界观等等。这些，难道还不值得警醒吗？

青少年的网络心理

网络作为一种崭新的信息技术，把人们带人了一个真正的信息时代。人们不仅可以通过互联网了解世界、学习、购物，而且可以在网上交友、聊天、开会，甚至玩游戏，互联网正在改变人们的学习方式、工作方式和生活方式。虽然互联网的内容良莠不齐，难以监控和筛选，但其超出想象的刺激性和娱乐性，又极易使人上瘾，对青少年具有特殊的吸引力。甚至很多孩子或是在家里偷偷上网，或是长期混迹于网吧。或许，他们可能真的是为了满足自己的求知欲望，或许是为了满足自己的猎奇心理……总之，他们深陷其中，以致难以自拔，将自己置身于一派虚拟的世界之中，置学业于不顾，视现实如罔闻……网络这把“双刃剑”深深地刺伤了不少“含苞待放的花朵”——青少年学生。无论是身体上，抑或是精神上，都深深地伤害了他们。那么，在这把双刃剑背后，青少年隐藏的究竟又是怎样的一种网络心理呢？

通常情况下，青少年的网络心理包括以下两种类型：

（1）网络依赖心理

一般来说，具有网络依赖心理的青少年学生，他们往往会做出一些令人不解的行为：有家不归，有学不上，上课注意力不集中，精神委靡不振，学习没兴趣，生活懒散，逆反心强，不上网就周身不适，一旦上网就兴奋无比，严重者则每天仿佛生活在网络的虚拟世界中，与现实社会完全脱节……可见，网络依赖严重影响了他们的身心健康，甚至令很多本应该有大好未来的孩子自毁前程。

第一，导致青少年学生荒废学业。

第二，影响青少年学生的人际交往。

第三，危害青少年学生的身体健康。

第四，影响青少年学生的心理健康水平。

（2）网络耐受心理

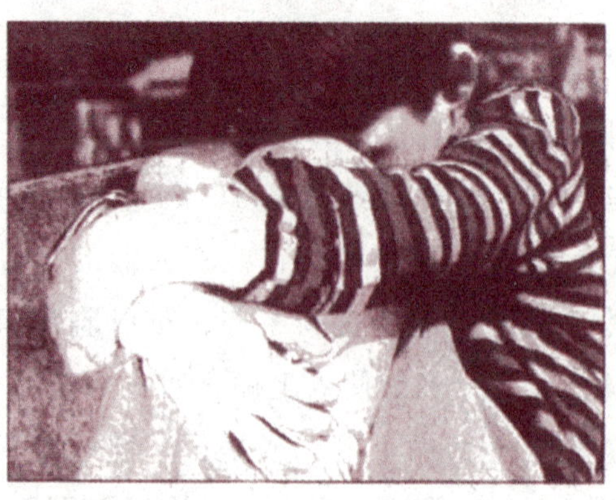

◆网络已让我无法自拔

通常情况下，网络耐受心理是指上网乐趣必须透过更多的网络内容或是更长久的上网时间才能得到原来程度的满足。

案例

王涛是一名高中二年级学生，是个超级网虫。尽管已经面临着高考，他却依然沉迷于网络世界：或逃学，偷偷地跑到网吧；或利用假期时间在家里上网。自打他和一名17岁的女孩在网上认识半年后，两人很快就发生了“网恋”，并在某网站进行了“结婚”注册，在网上建立了自己的“家庭”——一个共同的网页。他们这个网上的“家”真的太像家了，这个用文字和图片堆砌的家不但有像模像样的家具和房间布置，而且有每日三餐的菜谱，甚至还有他们虚拟的“夫妻生活”描述。当王涛和那个女孩“结婚”不到一个月时，网站通知他，他的“妻子”怀孕了，王涛大喜，居然放弃自己的书本不读，整天抱着孕产妇方面的书籍通读孕产妇注意事项。6个星期后网站通知他，说他们已经拥有一个可爱的小宝宝，王涛更是兴奋得睡不着觉。15个星期后，网站又告知他，他的“妻子”、“儿子”均病重。王涛闻讯后，便整天愁眉苦脸，无精打采。直到18个星期后，网站宣布：因医治无效，他的妻儿双双“去世”，他的婚姻宣告结束！此时的王涛沉浸在痛苦之中，因为太投入，他竟然受不了打击，一病不起。

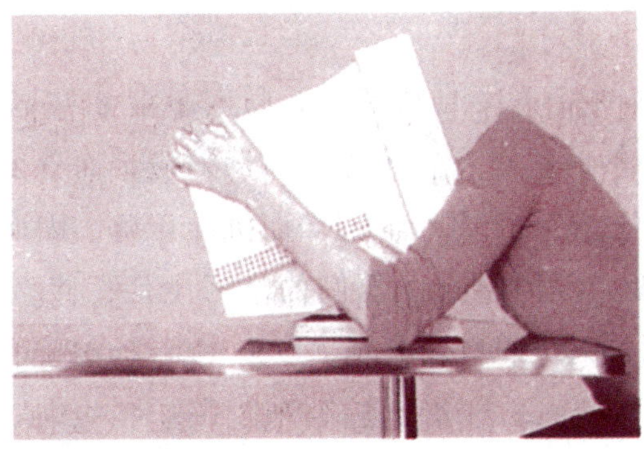

◆SOS

甚至，就此放弃学业。每天起床要做的第一件事情就是到网上的墓地悼念他的“妻小”，然后垂头丧气，喃喃自语。

可见，过分地依赖网络，过分地投入，真的可以改变一个人的心智，就此亲手断送自己的前程，花一样的年华也就此枯萎，什么理想，什么抱负，都如天边的一朵云渐飘渐远。

心理安全贴士

青少年可以采取以下建议来控制自己对网络的贪恋与着迷。

第一，树立正确的对网络科学的认知，坚持预防为主的原则。

第二，合理安排上网时间。

第三，注意力转移法。当自己想要上网时，可以采取其他的方式来转移自己的注意力，比如看书，或是相约三两同学一起去爬山、踢足球等等。

第四，在家上网时，可以让家长负责监督。

网络心理原因

当下，随着网络时代的到来，互联网事业在我国迅猛发展，它在给社会带来进步的同时也产生了不少负面效应，而青少年沉溺于网络不能自拔便是其中之一，正因为他们长期沉迷于此，因而也产生了这样或那样的网络心理。不但影响了他们的学习生活，甚至扭曲了他们的人格，歪曲了他们的人生观和价值观，以致丧失了在现实世界生活的勇气。那么，到底是因为什么才导致他们产生了这种“毁人不倦”的网络心理呢？

一般来说，青少年学生之所以会产生网络心理既有客观原因，又有主观原因。

（1）客观原因

◆网络的普及。

◆互联网的特征满足了青少年成长与发展的心理需求。

◆网络游戏的不良诱导。

◆网络内容的极大丰富。

◆网吧违规经营。哪里有学校，哪里就被网吧包围，虽然堂而皇之地写着"未成年人不准进入"，却采取了许多"优惠"办法专门赚未成年人的钱。

◆无边的网络世界

（2）主观原因

◆强烈的求知欲望。

◆自由平等的参与意识与自我实现欲望。

◆猎奇心理，追求感官刺激。

◆急功近利心理。

◆发泄欲求。

◆逃避现实的解脱心理

◆从众心理。

◆亲子关系紧张。有的孩子在家与家长的关系紧张，不能与家长进行正常的交流。因此，为了满足交往的需要而选择走进网络空间寻找心理平衡。

◆满足成就体验。对青少年学生来说，他们在乎的是他人对自己的肯定与赞赏。但是在现实生活中，他们却时常不能遂愿。因此，他们把目标转到了网络世界。因为在那里，他们的每一点成就都会受到肯定和奖励。

◆青春期骚动。

色情网页的诱惑。性爱是进入青春早期的青少年最敏感也最神秘的话题，但碍于缺乏正常了解的渠道，他们只好通过网络来满足自己的心理需求。当下，又有很多色情网页淋漓尽致地为他们展现了一切。虽然标明“未成年人不准进入”，但实则更像是一块活招牌吸引他们进入。

事实上，客观原因也好，主观原因也罢，网络心理已经成为一种时代产物。

案例

某中学有个初二年级的学生，生活中的他很内向，不善言辞。因此，他身边的朋友很少。他的父母平时都忙于工作，很少和他交流，他和父母每天的谈话仅限于“我去上学了”、“该吃饭了，孩子”、“早点休息”……都是些再普通不过的家常用语。其实，在他的内心，很想有很多的朋友，也很想像其他人那样能和父母开心地聊天，能被父母关心，但现实却令他心痛。无奈之下，他只得在网络中寻求慰藉。没多久，他便发现网络真是一个神奇的世界，在那里，他有很多虚拟朋友；在那里，他口若悬河；在那里，他成了人见人爱的“大众情人”。但是，他在网上越是得意，在现实生活中越是木讷拙笨，以致平时都想躲避同学与老师，也不愿意见到自己的父母，学业也就此荒废。

可见，青少年一味地迷失于网络，与他们的家庭教育是脱不了干系的。因此，就当下所上演的一幕幕因网络所引起的悲剧来说，无论是青少年本身，或是他们的亲人，或是学校，抑或是整个社会，都不得不加以警醒，适时地

◆可怕的 e 世界

采取相应的措施，为青少年创造良好的成长环境，让网络成为青少年自我学习、自我提高、互相促进、共同进步的阵地。

当下，大部分的青少年在接触网络时，都是出于某种需要。因此，对他们来说，不妨参考以下建议，来减弱网络心理的滋生。

第一，远离网吧。

第二，网络游戏并不是绝对的禁区，关键要懂得适可而止。

第三，广交朋友，扩大自己的交际圈。

第四，平时主动和父母进行交流。

第五，平时多看一些有关因沉迷于网络而发生的案件，以警醒自己。

第六，学会面对现实，不要动不动就要在网络世界里寻求解脱。

网络心理障碍

当下，青少年由于长时间沉迷于网络游戏、上网聊天、网络技术（下载文件、制作网页），醉心于网上信息、网上猎奇，造成对网络的过度依赖，不但导致了他们个人的生理受损，而且严重影响了他们的正常学习、生活和社会交往，从而也出现了一系列心理障碍——网络心理障碍：他们往往没有一定的理由，无节制地花费大量时间和精力在互联网上持续聊天、浏览，以致损害身体健康，并在生活中出现各种异常行为，心理障碍、人格障碍、交感神经功能部分失调。其典型表现包括：情绪低落、不愉快或兴趣丧失、睡眠障碍、生物钟紊乱、食饮下降和体重减轻、精力不足、精神运动性迟缓和激动、自我评价降低和能力下降、思维迟缓、有自杀意念和行为、社会活动减少……

一般来说，网络心理障碍分为以下几种类型：

（1）网络成瘾症

◆令人抓狂的网瘾

网络成瘾症又称为“病态网络使用”，指在无成瘾物质作用下的上网行为冲动失控，通常表现为由于过度使用互联网而导致个体明显的出现社会、心理功能损害。在现实生活中，海洛因作为一种毒品会对人的身心健康造成巨大的危害，而且一旦沾染，便会上瘾；在网络世界中，电子海洛因（垃圾信息）无异于隐形杀手，严重侵蚀了青少年学生稚嫩、干净的心灵，让他们深陷其中，无法自拔。

通常情况下，网络成瘾症又包括：交际成瘾、网络色情迷恋、网络游戏成瘾、网络信息收集成瘾、信息污染综合症、网络制作成瘾。

（2）网恋

当下，“网恋”对人们来说，已经不再陌生。对心智尚未成熟的青少年来说，这无疑是为他们种下的美丽而妖娆的罂粟花．他们要么沉醉在网络所创造的虚幻的网恋中，要么将网恋升级为现实——彼此见面，继而演变成早恋。但他们的学业呢？一落千丈。他们的结局呢？要么无疾而终；要么走上极端，苦苦追寻未果后，甚至踏上一条不归路——自杀；更有甚者被犯罪分子利用，从事违法犯罪活动。

（3）网络恐惧

网络恐惧是指青少年学生在网上看到层出不穷的各种网络书籍、电脑软件和不熟练的操作技术后，就会感到害怕，继而产生无能、畏怕的

◆模拟网恋

心理状况，担心自己会被这个社会淘汰，自尊心受到严重的伤害，逐渐产生自卑的心理并迁移到其他领域，“我不行”的念头占据他们的整个心灵。

（4）网络自我迷失

网络自我迷失包括情感自我迷失、网络孤独、网络角色自我迷失。

◆网络孤独

◆情感自我迷失

青少年阶段是人生情感体验的高峰期，青少年也是在这大起大落的情感体验中不断调整并逐步完成其社会化，而在实际生活中他们的情感并不能无拘无束地表露，总是要接受着他人和社会的匡正，但网络的虚拟空间则给了他们展现自我的机会：他们终于可以摆脱条条框框的限制，变换角色身份，按照自己的情感和意愿自由地使用网络，做自己喜欢之事，说自己喜欢之言。那些在现实生活中不能实现的情感，在网络世界里全可得以实现。于是乎，趋利避害的心理促使他们将现实世界的情感移植到网络世界之中。殊不知，长此以往，在现实生活中，他们就会懒得表露自身的情感,更不愿接受他人情感的表露。他们变得愈发沉默寡言，不善言谈。网络完全封锁了他们的身心，他们完全忘记了自己最后还要回归到丰富多彩的现实生活之中。从某种方面来说，他们无异于毫无感情的机器，完全迷失了自己的情感。

◆网络孤独

网络孤独的具体表现是对外界刺激缺乏相应的情感反应，对亲人冷淡，对周围的事物失去兴趣，面部表情呆板，内心体验缺乏，严重时甚至对一切都不关心。

◆网络角色自我迷失

当下，网络无疑为青少年学生提供一个契机——扮演自己喜欢的角色，而无需担心会造成什么社会影响。因为，在网络世界里，没有人世间角色扮演的规则，没有角色履行的义务，完全可以依着自己的性子来，以任何身份出场。这种在网络里无拘无束的个性使然，日益提升了他们以自我为中心的心理，从而扰乱了他们在现实生活中的角色定位，导致了虚拟社会与真实社会的认同危机。

案例

学习成绩优异的夏彤本应该有个美好的前途：考上不错的大学，毕业后再有一份自己的事业。可是，就在两天前，竟然有人在邻市的郊区发现了她的尸体：浑身赤裸，还有些许伤痕。很多人都为之惋惜，为之伤痛。事后查明原来夏彤在一个月前在网上认识了一个男孩，俩人互相视频后，都觉得彼此还不错，于是，决定有进一步的发展。他们相约相见，不过要在男孩住的城市，因为那个男孩在那打工，不方便离开。最初，夏彤还是有些犹豫的，她将自己的苦恼告诉了好朋友颜。颜自然是劝她不要去，要小心为妙。她依然在踌躇，眼看着他们约定的日期就要到了，她真的是太想见那个男孩了。于是，夏彤便将心一横，独自跑到邻市去找她心中的“白马王子”。她幻想得很美，她想男孩会很感动，会很浪漫。但现实实在是太过于残忍：男孩是个骗子。他将夏彤骗到他的住处，那里还有他的两个男老乡。夏彤被他们三个蹂躏了将近一个晚上，已经奄奄一息。看着一息尚存的她，男孩竟然无视她哀求的目光，用毛巾紧紧地捂住了她的口鼻，令她窒息而死。接着，便将夏彤的尸体丢到野外。

为了寻求刺激，为了那e网情深，为了那份虚拟的爱情，何必付出那最为惨痛的代价？

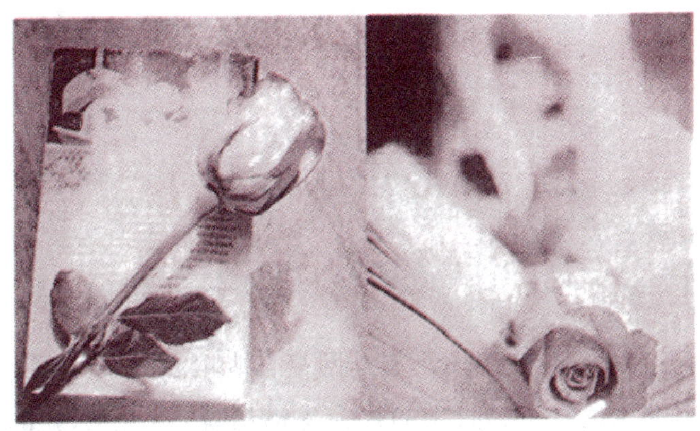

◆网恋，想象中总是很美好

心理安全贴士

青少年可以参考以下几点建议来预防或矫治网络心理障碍：

第一，加强自身的克制力。

第二，端正对网络的认知。

第三，树立正确的理想和目标。

第四，正确对待网恋和网友

第五，严格限定上网的时间。比如，可以规定每天最多上网多长时间。

第六，让家长随时监督自己。

第七，学会记录自己的网络使用清单，以用来提醒自己适可而止。

第八，学会向家长或朋友倾诉，让自己的消极情绪在亲人的关怀下慢慢退却。

第九，当遇到问题时，要从正确的道路出发，解决问题。而不是选择网络一味地逃避。

网络心理危机行为

21世纪是知识经济时代，更是网络信息时代. 知识经济崭露头角，网络信息技术飞速发展，人类的社会生活出现了一个崭新的方式——虚拟网络社区，而青少年正逐渐成为这个虚拟社区的主流。由于他们正处于心理发育期，内心充满着各种矛盾，对高速发展的社会心理准备不足，因此以数字化、信息化、交互性、虚拟性为特征的网络世界给他们带来了极大的心理冲击和难以释解的困惑。尤其是那些短期上网行为（网络游戏、聊天、浏览等），很可能令他们突然产生某种心理上的严重困境——遭遇超过其承受能力的紧张刺激而陷于极度焦虑、抑郁，甚至失去控制的状态，即所谓的网络心理危机。由于情况紧急，他们以往惯用的应付方法失效，内心的稳定和平衡被打破，常常会导致他们网络行为失范，甚至更为严重的后果。

网络心理危机不同于网络心理障碍：网络心理危机是发生在网络失范行为之前，是由于其短期的上网行为而造成的，而不是长期沉溺网络的结果；网络心理危机并非疾病，并不伴有无意识敲打键盘，在试卷上写网名等病态行为，通常通过适当的引导和教育是可以迅速恢复正常心理的。

一般来说，网络心理危机的产生大都是他们自身的心理特点、网络特点及社会环境等各方面共同作用的结果。通常情况下，根据其产生原因的不同可分为以下几种网络心理危机表现形式：

（1）在理想与现实冲突下的逃避心理

当下，有很多青少年将自我的标准定得过高，使“理想自我”与实际的自我或他人的评价存在一定的差距，而一旦遇到目标无法达到或现实不尽如人意时，就会产生十分强烈的挫折感。而网络恰恰具有很大的可操作性，可以充分发挥他们的主观能动性，满足他们的控制欲。可见，虚拟的网络为他们实现“理想自我”提供了可能。比如，当他们在网络游戏中获得成功后，引来其他同学们那种羡慕的目光……不过，一旦他们离开网络世界，那种自卑感又再次笼罩心头，心中依然无法接受现实，甚至每每想到在网络世界中的呼风唤雨，就愈加感到现实世界的残酷，不由得就会产生深深的逃避心理。

（2）在独立性与依赖性冲突下的迷失心理

目前，青少年学生的独立意识正不断增强，并强烈要求家长亦或是老师承认他们应有的独立资格，但由于他们缺乏社会经验，依然需要依赖家长或学校帮助他们做出正确的判断。虽然，在日常生活或学习中他们不乏独立思考与判断的机会，但在做决定时出现犹豫不决、难以分辨是非的迷失心理也不足为奇。在网络虚假信息泛滥的今天，范围广、自由度高的虚幻网络更加让他们眼花缭乱，极大地增加了他们的心理困惑。

◆以为闭上眼睛就能逃避现实

（3）在内心封锁与寻求理解冲突下的盲目心理

青少年时期，是个渴望温情却又常常处于孤独的时期。一方面，随着心理的成熟和性发育，他们迫切希望在与他人的交往过程中能够被注意、关心、尊重、理解和爱护。另一方面，由于自我意识的发展，他们常常把自己的内心世界与外界隔绝，渴望有一个属于自己的自由空间。而网络的广泛性、平等性与匿名性便可以让他们不受空间与年龄的限制，随意地找到倾诉对象。他们或过分轻信网友；或抱着无所谓的心态，不考虑后果。当这种盲目心理渗透到现实生活中后，将极大地影响他们的人际交往和身心的健康发展。

（4）在个人价值与社会责任感矛盾下的自责心理

一方面，在市场经济大潮的冲击下，青少年更多注重个人价值的实现，为社会服务的观念淡薄，特别在面对网络中各式各样的冲击时，薄弱的社会责任防线更容易被冲破。另一方面，传统的道德教育依然影响着他们，正确的人生观、世界观与社会导向依然对他们起着陶冶情操的作用。因此，他们在短期网络行为之后往往会产生自责心理，甚至深陷其中，无法自拔。例如，有的同学在浏览过黄色网站后，就会产生自责心理，如果这种心理负担得不到及时的疏导，久而久之便会引起心理障碍。

（5）自我中心主义

网络是一个追求自由和民主的产物和平台，网络行为则是人们自由意志的结果。在网上，一切由你主宰，你可以随心所欲地做自己想要做的事情，说自己想要说的话，发表自己平时隐藏于内心的观点。青少年时期是人一生中自我意识和叛逆心理最强烈的时期，他们急于摆脱学校、教师、家庭的管制，丢开书包、作业和课本，追求独立个性、确立自我价值，而网络恰好为他们提供了这样一个虚拟的空间。当他们把大量时间都投入网络世界之中时，必然会导致他们对身边的人和事漠不关心，造成人际情感资源枯竭及人际交往障碍，陷入自我满足的自我中心主义。

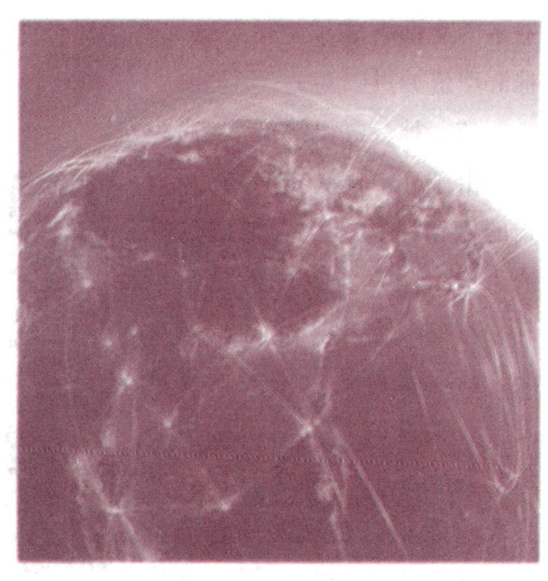

◆网络资讯遍布世界

（6）道德认知残缺

在虚拟网络社区，各种不同的文化汇集交织、信息不断涌现，文化冲突、信息相悖现象非常突出，孰是孰非、孰真孰假、孰对孰错、孰正孰反，一时间很难令人清醒地作出判断。此时，虚拟网络社区充斥的大量“垃圾信息”和“虚假资讯”，对于身处社会边沿、分辨是非善恶美丑能力不强的青少年学生来说，面对网上新奇、刺激的信息极易受到诱惑，因而容易从心理上产生虚无主义和相对主义。另外，网上的许多信息是西方发达国家发布的，它们的价值观、世界观、人生观和生活方式必然在其中有所体现，尤其是它们所推行的文化霸权主义、极端个人主义、享乐主义、功利主义更是渗透其中。由于青少年的“三观”尚未完全形成，又加之心理尚未完全成熟，因而极易受这些不良信息的蒙蔽，贪恋资本主义的生活方式和生活理念，产生民族虚无主义，从而迷失人生目标和生活理想。

（7）社会意识淡化

由于Internet是一个开放式的网络结构，没有彻底的统治占有，也没有彻底的信息控制，有的只是电子化的信息交流，所有人都可以随心所欲地发言、做任何事，而不必担心承担任何责任，非常自由，并具有一定的超越现实社会的特性。这是它的好处，但由此导致的破坏性网上失范行为却得不到应有的惩罚制裁，即使有制裁也可能因为使用者的匿名使之有规避惩罚的机会。当前，我国社会上还存在一些丑恶现象，一些违法违纪现象，特别是社会上的钱权交易、钱色交易、钱学交易、权学交易、色学交易等，而青少年正处于心理、行为上的趋于变动期，价值观和行为方式尚未定型，具有非常大的可塑性和可教导性，自制性和自律性逊于成人，富于热情和活力，嫉恶如仇又有点偏激，如果不适当引导控制而让其沉迷于“网吧”，甚至盲目追求所谓绝对的自由、民主与理想，变得没有信仰或信仰宗教迷信，特别是在一些组织、个人别有用心的诱惑教唆下，就有可能产生极端个人主义、无政府主义、民族虚无主义，淡化其应承担的社会责任意识，成为一个反社会的人。

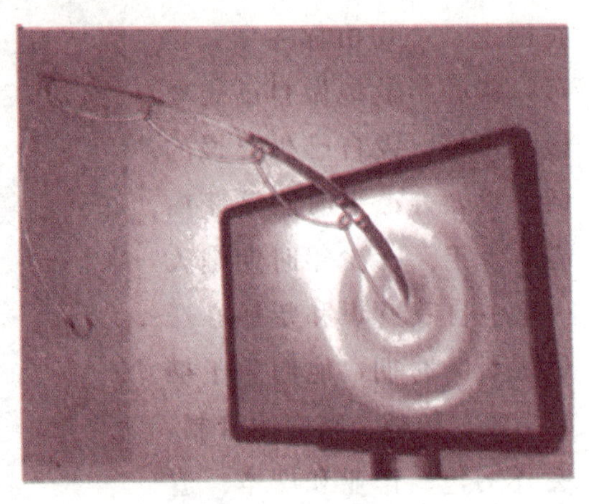

◆想象中的网络犯罪

（8）网络犯罪流行。

可见，正是由于当代青少年学生群体所处时代（网络信息时代）的特殊性和中国处于社会转型期的诸多复杂问题的困扰，才出现了一系列危及他们身心健康发展和社会责任意识的网络心理危机。

案例

21岁的小刘是北京某重点高校大三的学生。自年初以来，他以牟利为目的，利用互联网 www.848484.com 等网站在国际互联网上传播淫秽视频文件两个及淫秽图片 512 张，获利两万余元，后被逮捕。

由此可知，当代青少年淡薄的社会意识——不能抵御钱学交易、钱色交易等等，是他们走上歧路的必然。

心理安全贴士

青少年面对出现的网络心理危机，可以参考以下几点建议：

第一，区分虚拟世界和现实世界。

第二，勇于面对现实，切莫遇到问题后一味地逃避。

第三，树立正确的"三观"。

第四，坚持自己的信仰。

第五，多汲取文化知识。

网络成瘾综合征

当下，互联网的飞速发展使人类社会发生了巨大变革。它在给人们带来便捷、高效的同时，也引发了一系列网络心理问题。在网络心理问题中，最严重、最常见的莫过于网络成瘾综合征。而青少年学生成为该症状人群的主力军是不争的事实。当然，这与他们正处于特殊的心理发展阶段是分不开的。在该阶段，他们的个体心理发展中出现了种种矛盾现象，如独立性与依赖性的矛盾、闭锁性与交友意向的矛盾、求知欲与认识水平的矛盾、性冲动与自控力的矛盾、要求理解与难为他人理解的矛盾、理想与现实的矛盾等。而网络恰恰是对现实社会的虚拟和“克隆”，当他们的那些矛盾心理在现实社会中没有得到正确的引导与释放，再加上个体特殊的个性心理特征的影响，就会让他们在网络的虚拟社会中找到缓解这些矛盾的途径并不能自拔，对网络产生深深的依赖。

或许，对那些沉迷于网络的青少年学生来说，他们自己根本就不清楚自己是否已经步入“网络成瘾综合征”的大军，还茫然地继续乐此不疲。一般来说，是否已经具有“网络成瘾综合征”，有以下几种标准可以进行自我诊断。

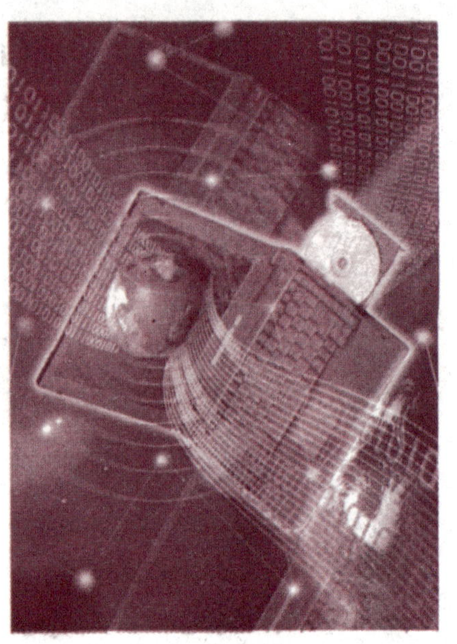

◆网络是什么

◆是否觉得上网已占据了你的身心？

◆是否觉得只有不断增加上网时间才能感到满足，从而使得上网时间经常比预定时间长？

◆是否无法控制自己上网的冲动？

◆每当因特网的线路被掐断或由于其他原因不能上网时，是否会感到烦躁不安或情绪低落？

◆是否将上网作为解脱痛苦的唯一办法？

◆是否对家人或亲友隐瞒迷恋因特网的程度？

◆是否因为迷恋因特网而面临失学或失去朋友的危险？

◆是否在支付高额上网费用时有所后悔，但第二天却仍然忍不住还要上网？

◆是否上网时表现得思维敏捷，口若悬河，滔滔不绝，并感到非常愉快，但离开网络便思维迟钝，情绪低落，空虚无聊？

◆是否每看到一个新网址就会心跳加快或心率不齐？

如果符合以上标准中的4项或4项以上，且持续时间已经达1年，那么就表明已经患上了“网络成瘾综合征”。

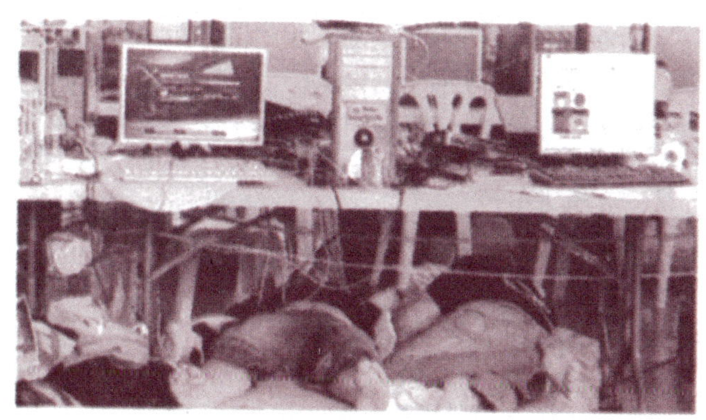

◆网瘾来袭

案例

钟晓阳是初二的学生，从初一下学期开始就迷上了上网，无论课程多少，无论学业多重，他每天放学后都要在校外的网吧泡上四五个钟头，和网友聊天，上BBS灌水，甚至在周末的时候会通宵在线打网络游戏。当然，他这一切都是瞒着家长的，他的理由很简单：或是到同学家补习功课，或是老师补课。晓阳平时十分内向，沉默寡言，在沉迷网络后，仅有的几个朋友也懒得交往了。与此同时，他学业也受到了很大的影响——学习成绩一落千丈，三大主科已经在考试中亮起了“红灯”。晓

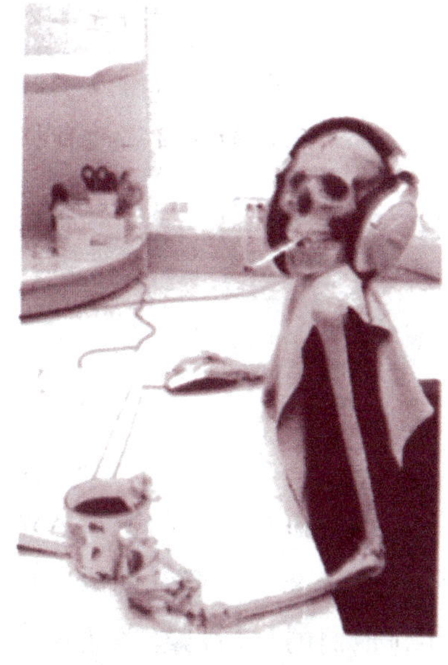

◆网瘾背后隐藏的危机

阳自己也很着急，几次想戒掉网瘾，可是一不上网就俨如没头苍蝇一般，没了方向，甚至情绪低落，烦躁不安。无奈，只好又重回网络的怀抱。

事实上，对青少年来说，不是绝对不允许他们上网，而是上网要有度，否则一旦陷入，想要抽身都很难，只会一味地沉沦，直到“万劫不复”。

心理安全贴士

既然已经知道了网络成瘾会给人们带来诸多的不利因素，那么，对青少年学生来说，他们该怎么控制呢？

第一，为自己的理想服务，一定要有自己的理想。

第二，每次上网前，都确定自己的目的是什么，定下自己的时间。

第三，看看那些深受网瘾毒害之人的案例，相信你会自觉远离网瘾的。

第四，为自己树立一个坚定正确的奋斗目标，以此为动力培养自己的控制力与忍耐力。

第五，加强自己的自控能力。

第六，培养新的兴趣。

矫治网络心理

网络在给人们的生活、学习、工作带来方便的同时，也不可避免地为人们带来了不容忽视的负面作用。尤其是那些过分沉迷于网络的青少年，他们的生活已经偏离正常轨道，以致他们人格扭曲、学业失败、身心受伤害。网络似一把双刃剑，使用得当，便会从中受益；使用不当，深陷于虚拟的网络世界，或QQ，或游戏，或沉溺于那些不良的网络信息，必将沦为网络的俘虏，成为网络的牺牲品，无论于己、于家庭、于社会都将贻害无穷。可以这么说，网络可以成就一个人，也可以毁掉一个人。

在青少年群体中，有个别同学，白天在学校没时间上网，晚上回去后碍于父母看得紧，他们就趁父母熟睡后溜出去上网，清晨再返回家中，似乎是神不知鬼不觉，不过，他们白天在校的上课状态就显出了原形。

事实上，在有网络依赖或网瘾倾向的学生当中，也有学生知道如若这样下去真的将会毁了自己，但他们苦于有时候真的无法控制自己。因此，对他们来说，要想避免网络成瘾，至少要在行动或是意识上做到以下几方面：

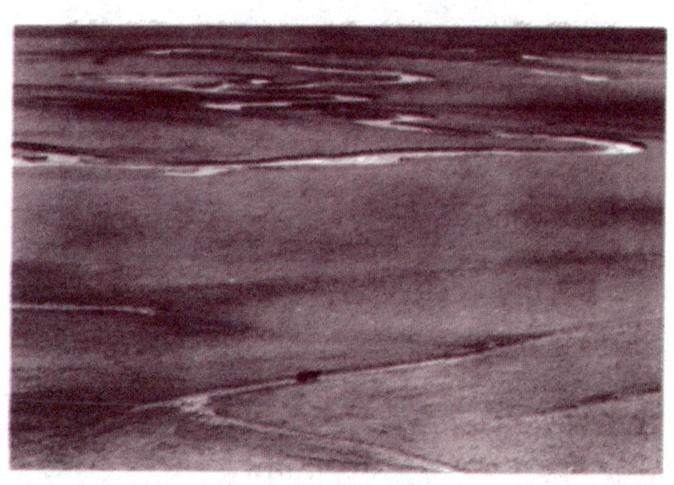

◆要保持健康的心理

（1）一定要带着健康的心理上网

◆时间有控制。

◆内容有选择。

◆心态要平稳。

◆生活要有规律，千万别深更半夜上网，搅乱自己的生物钟。

◆情感要自律。

◆培养自己多方面的兴趣爱好。

◆要进行自我调节。

（2）责任意识

青少年应该对自己负责。当下，社会的竞争日趋激烈，在这样的社会里究竟该如何给自己定位？今朝不努力，他日必后悔，逃避在虚拟的网络世界里只能自毁其身，只能让自己渐渐脱离社会，渐渐远离集体。多想想自己身上担当的责任，便没有时间去沉迷。

◆当你坐到电脑前时，是否想到过自己当下所担当的责任

（3）感恩意识

无论是谁，都要学会感恩。且不论国家、社会、学校、老师对你们有多大的教育之恩,单父母对你们的养育之恩总得报答吧。若不努力学习，又拿什么来回报父母？若沉溺于网络，非但自己自身难保，又何以报父母？何以报天下？

（4）自信意识

在现实生活中，有不少青少年学生都缺乏交友能力，缺乏自信。正因为你们缺乏自信，而在同学交往中束手束脚；正因为你们缺乏自信，而放弃了许多原本可以展示自己的机会；正因为你们缺乏自信，而将原本可以做得很好的事都办砸了。因此，生活中不能没有自信，它是你们前进的动力。无论何时，你们都要相信自己：我一定行。

（5）耐挫意识

对青少年学生来说，他们要明白学习中的小挫折、生活中的些许不如意，那都是人生常态。要知道，人的成长都要经历越挫越勇的过程，唯有经历风雨，才能见彩虹。

（6）自强意识

锁定自己的人生目标，永不放弃，这就是自强。跌倒了爬起来，继续努力，这就是自强。生活不能没有目标，没有目标就等于没有方向。一旦有了目标，还要锁定目标，努力朝目标进军。

事实上，网瘾矫治成功的关键还在于青少年本身，外界因素只不过是起到辅助或引导作用。

案例

吴冲是个超级大网痴，已经到了完全痴迷的地步。他的父母很是担心，对他可谓苦口婆心地劝解，但收效甚微。于是，他们便决定采取强硬措施——断绝吴冲的经济来源，并严格限制他在家中的上网时间。另外，他上网的时候父母之中必定有一个人守在他身边，以便随时督促他。最初，这种方法还是蛮奏效的，至少吴冲的作息时间表面上是规律了很多。谁料，好景不长，他们发现吴冲的食欲大减，气色越来越差。他们不知道出了什么事情，还以为吴冲又故伎重演——半夜偷偷溜出家门去网吧。于是，他们暗中盯了吴冲一段时间，发现吴冲现在确实是很规矩，完全遵照他们的规定生活。他们这下完全懵住了，完全不知所措，只得向专业人士请教：原来他们对吴冲采取的不过是一些强硬措施，但是吴冲在心理上完全抵触这种行为，他的心思还是在网络上，只不过是碍于被限制得太紧。于是，他们开始变换策略，采用心理战术，并开始有意无意的引导他做一些有意义的事情，让他自己意识到现实世界远比虚拟世界精彩得多。过了一段时间，吴冲的情况明显好转。看着日渐趋于正常的吴冲，最开心的莫过于他的父母了。

可见，对那些有网络心理障碍的青少年学生来说，单纯的采取武力解决是没有任何成效的，相反，还会有一定的负面作用。唯有使他们自己意识到“将时间浪费在网络里”是多么的不值，现实世界又是如此之美好时，他们才会逐步远离网瘾，摆脱心理障碍。

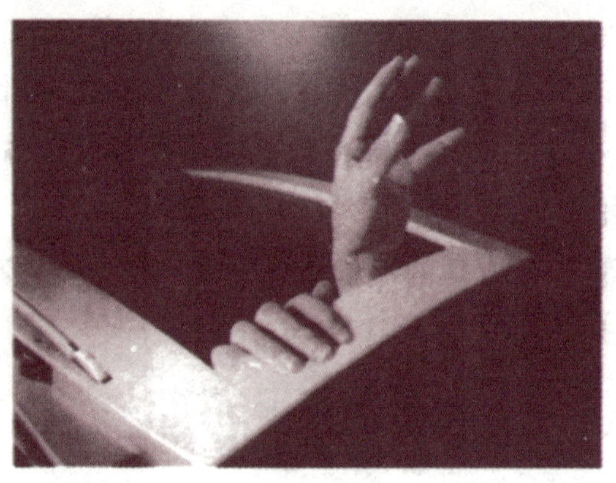

◆很可悲，我已经深陷其中，难以自拔

心理安全贴士

对青少年来说，他们还可以尝试以下几点小妙方，让自己摆脱网瘾的折磨：

第一，尽量控制自己接触网络的机会。

第二，给予自己以心理上的满足，切莫看轻自己。

第三，培养自己的学习兴趣。

第四，学会坚强。

第五，必要时，不妨咨询一下心理医生。

第五章　心理问题的安全隐患

或许，是因为现在的生活节奏太快，压力太大；或许，是因为担负在青少年肩上的担子过于沉重……青少年中越来越多的人暴露出心理方面的不健全，或多或少的笼罩着一层阴郁. 轻者或是性格内向，或是不善言谈，或是脆弱得宛若玻璃娃娃，或是敏感多疑……重者则会出现性格扭曲，甚至会走上违法犯罪的不归路。因此，无论是对青少年或是家庭，抑或是整个社会来说，都不得不加以警醒，加倍重视因心理问题而凸显的安全隐患。

了解心理发展特点

什么是人生呢？去繁归简，无非是呱呱坠地到最后的弥留离开人世。期间，所经历的林林总总，不过是为你的人生添加色彩；其间，心理自然也遵从着它本身的规律发展着，在人生中的每一个阶段都自有它本身的特点。那么，中学时期又经历着怎样的变化呢？

一般来说，中学时期分为初中时期和高中时期，大概从十一二岁开始到十七八岁结束，历时六年左右的时间。

1. 初中时期

初中时期包括青春期、少年期，大概从十一二岁开始到十四五岁结束。这段时间是青少年身体发展的一个加速时期，而心理的各个方面虽然也在发展，但相对生理发展速度来说则显得较为平稳。正是由于身心发展的不平衡，让初始面临着诸多心理上的问题。因此，青少年自己本身也好，家长也罢，都应该很好地了解这段时期的心理发展特点。

◆青少年要了解自己的心理特点

（1）生理表现

初中生正处于青春发育期，而这个时期又恰恰是他们生长发育的第二个高峰期。在这段时间，他们的身体和生理机能都发生了急剧的变化，主要表现在身体外形的改变、内脏机能的成熟及性成熟三个方面，而这也正是青春期生理发育的三大巨变。

（2）生理变化对心理活动的影响

青春期的到来对他们在心理上有很大的影响。

◆由于身体外形的变化，初中生的成人感也逐步增强。因此，他们在心理上希望能尽快进入成人世界，希望尽快摆脱童年时的一切，寻找到一种全新的行为准则，扮演一个全新的社会角色，获得一种全新的社会评价，以崭新的姿态体会人生的意义。然而，无论是在学校抑或是在家庭，初中生的社会角色依然还是一个孩子。因此，在这种无形的矛盾中，他们体会到了种种困惑。

◆由于性的成熟，初中生对异性产生了好奇和兴趣，萌发了一些与性相关的情绪，滋生了对性的渴求，但碍于不能公开表达这种愿望和情绪，所以初中生常常体会到一种强烈的冲击和压抑。

（3）成人感和幼稚性并存

在这段时期，身体的发育成熟让初中生们产生了成人感。不过，他们的辩证思维刚刚萌芽，在思想方面仍带有很大的片面性和表面性情绪体验。另外，初中生又缺乏成人的深刻和稳定，社会经验不足带来的幼稚性，这无疑使他们产生了许多心理冲突和矛盾。

◆虽然我很小，但却做着成人后才允许做的事情

（4）反抗性与依赖性共存。

随着成人感的到来，他们便产生了强烈的独立意识，对一切都不愿顺从，不愿听取父母老师以及他人的意见。不过，初中生的心理并没有完全摆脱对父母的依赖，只是依赖的方式有所变化：童年时他们对父母的依赖更多的是在生活上，但此时他们对父母的依赖则更多的是希望从父母那里得到精神上的理解、支持和保护。

（5）闭锁性和开放性并存

步入青春期的初中生，渐渐地将自己的内心封闭起来，心理生活虽然丰富但愿意表露于外的东西却很少。与此同时，他们又感到非常孤独和寂寞，希望有人来关心理解自己。他们不断地寻找朋友，一旦找到，就会推心置腹毫无保留。因此，他们在向大部分人封闭自己的同时，又向自己喜欢和接受的一部分人表现出明显的开放性。

（6）勇敢和怯懦并存

在某些情况下，初中生似乎能表现出很强的勇敢精神。但这种勇敢却带有鲁莽和冒失的成分，具有初生牛犊不怕虎的特点。不过，在某些情况下，他们也常常表现得比较怯懦。

（7）高傲和自卑并存

因为初中生尚不能确切地评价和认识自己的智力潜能与性格特征，很难对自己做出一个全面而恰当的估计，只是凭借一时的感觉对自己轻下结论。因此，就不可避免地导致他们对自己的自信程度把握不当。有时，几次甚至一次的成功，就让他们认为自己非常优秀而沾沾自喜。有时，一些偶然的失利，又会让他们认为自己无能透顶而极度自卑。

（8）烦恼突然增多

在这段时间，初中生往往不知道以何种形象出现于公众面前，不知道如何在同伴中保持较高地位，因此，不由得徒增了许多烦恼。

◆异性之间也可以成为好朋友

（9）与父母的关系发生微妙变化

在这段时间，他们往往有自己的一番理论，根本不会太在意家人的意见，甚至会对他们的关心与唠叨心生反感，继而影响他们与父母之间的关系。

案例

舟舟今年12岁了，是一名初中生。他本来是父母眼中听话的好孩子，可是，不知道为什么最近这段时间他总是有些心不在焉，对什么都不是很在意。他每天放学后就直奔自己的房间，和父母的交谈明显减少。父母感到很奇怪，又很担心，于是，父亲决定和儿子好好谈一下。最初，面对父亲的询问，舟舟还有些抵触，甚至羞涩。后来，在父亲的诱导下，他才将自己的烦恼和盘托出。原来，就在前几天，他突然发现自己的声音有点不对劲，感觉怪怪的，而且他发现身体的某些部位也开始出现了变化，他感到既害怕又难为情。父亲看着面红耳赤的儿子，耐心地告诉他这是自然的生理反应，是每个人都要经历的，根本就没有必要放在心上，顺其自然即可。

可见，当他们面对自己熟悉的身体突然发生变化时，在心理上难免会出现不好的情绪。因此，对他们来说，不妨看一下生理方面的书籍或是与父母聊聊天，定能使人豁然开朗，那种烦躁的情绪自然一扫而光。

2．高中时期

通常情况下，高中生的心理发展在高中时期会有如下几种特点：

（1）自我意识的高度的发展

在这段时间，高中生已经能完全意识到自己是一个独立的个体。因此，对高中生来说，要求独立的愿望日趋强烈。不过，这种独立性必须要建立在与成人和睦相处的基础之上，而非初中时期的反抗性。而高中生大都也基本上能与父母和他人保持一种肯定的尊重的关系。另外，高中生强烈地关心自己的个性成长，十分关心自己的优缺点和别人对自己

◆受到委屈误解的孩子

的评价。另外，当他们受到肯定和赞赏时，便会产生强烈的满足感，反之，则易产生强烈的挫折感。

（2）情感上的复杂性

在此期间，高中生对老师的看法、与老师的关系都更为复杂。他们对老师既尊重又保持一定的距离，在表面上往往以冷眼相对来掩饰其内心深处的尊重与渴望接近的情感。另外，对高中生来说，男生与女生的关系已由疏远逐渐发展到了喜欢没缘由的接近，甚至发展到早恋的地步。

（3）意志更加坚强

当高中生遇到困难时，再不会躲避，而是想办法克服。此时的他们已经能够确定自己的人生目标，并为之不懈努力。高中生中的不少人甚至会因为自己的前途而毅然改掉多年的坏习惯，这种意志力是他们在初中时期所没有的。

（4）兴趣爱好也相对稳定下来

在步入高中以前，他们的兴趣爱好往往有很大的随意性，更多的时候是受周围人的影响。而到了高中时期，他们中的大部分人都能够按照自己的意愿去行动，兴趣爱好出现稳定的趋势。

案例

小林今年高二了。步入高中的他，无论是他的父母，抑或是他自己本身，都觉得自己和初中的时候大不相同。初中时，小林遇到什么困难都喜欢逃避，从来都没有想过自己去如何解决；而现在，他则能坦然地面对困难，迎难而上。而且，小林现在更喜欢独立思考问题，完全没有了从前的茫然无助。

可见，随着年龄的增长，高中生的心智也日趋成熟，日渐拥有自己的主见。

◆乐观面对青春时代的烦恼

心理安全贴士

心理发展是随时都在进行的，因此，青少年可以从以下几方面试着了解自己的心理发展特点：

第一，当你们有一天突然发现自己的身体发生变化时，不要因此而烦恼，这是每个人都要经历的阶段，坦然接受即可。

第二，多看一些关于生理方面的书籍，以便了解自身的发展特点。

第三，保持与家长或是老师的及时沟通。

第四，树立正确的“三观”。

第五，为自己制定一张卡片，随时记录自己的心情变化。

熟知心理问题产生因素

曾经，有人预言心理疾病将是21世纪之患。而有关调查表明，当前青少年存在心理问题和心理障碍的比例相当高。因此，相对于青少年自身来说，造成他们心理问题的因素已成为青少年正确把握自己人生的关键。这就是所谓的追本溯源吧！而那些因素无外乎以下几个方面。

1. 学习类

对青少年来说，他们的主要任务是学习。因此，围绕着学习产生的问题占青少年心理问题的主要部分，其反映有二：

（1）不堪重负型

◆当下，学校的课业任务都比较繁重，竞争激烈。虽然从表面来看，课本的难度有所降低，但实际上对学生的要求是更高、更全面了，学生的负担是加大的。

◆父母的期望值过高，造成他们的精神压力越来越大。

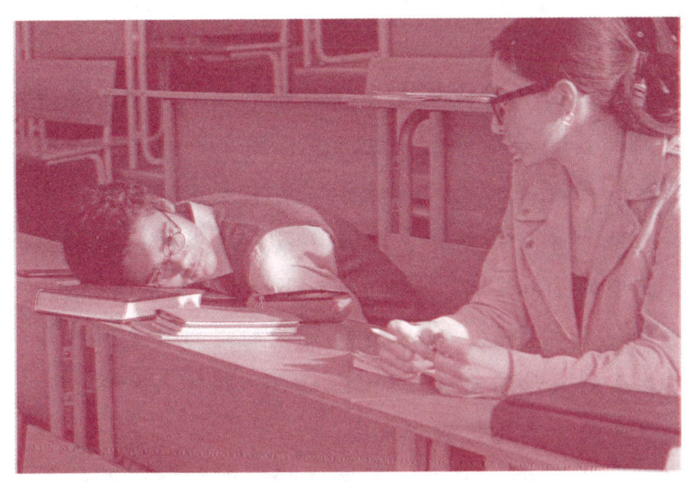

◆有谁知道，我已经不堪重负？

（2）厌学型

有一些孩子因为反应较慢常被人讥笑，或因记忆、理解等能力缺失使成绩难以提高而对学习产生厌烦情绪，甚至有些学习成绩优秀的学生也会有厌学情绪。

◆我不喜欢上学

案例

再过一个暑假，莉莉就要成为一名高中生了，她兴奋得不得了。可是半年后，她先前的兴奋感已一扫而光，随之而来的却是愁容满面，满脸憔悴。原来，她现在的老师在教学方法上发生了变化，竞争对手也发生了变化，她感到十分不适应，导致学习成绩下降，从初中时的全年级前几名落至高中的100多名。她甚至在师生对话本中痛苦地说："16年来我第一次感到自己的无能，每当看到父母期望的目光，就非常难过，不知如何做才能达到父母的要求。如今，苦闷、烦恼、忧愁、气愤充满头脑，看见书就又恨又怕，真想把它扔出去。"

由此可知，当青少年出现厌学情绪时，就已经说明他们在学习方面出现了问题，自然而然地就会滋生一些不健康的心理。

2．人际关系

对青少年来说，在人际关系方面出现的心理问题大致有如下几方面：

（1）与老师之间的关系问题

事实上，他们与老师之间的问题，主要集中在因为老师对他们的不理解，过多干涉他们的业余生活及与异性之间的正常交往所引起的困惑和烦恼。

（2）与同学之间的关系问题

当下，不是流行着一句关于部分学生交际现状的顺口溜吗："踏着铃声进出课堂，宿舍里不声不响，互联网上诉说衷肠。"没错，这的确是他们中部分人的真实写照。不过这是因为他们还没学会独立生活，不知道如何与人沟通，不懂交往技巧与规则……

（3）与父母之间的关系问题

一般来说，他们与父母之间的问题，或是因为父母与他们之间缺乏相互理解和沟通，或是因为家庭关系不和而造成他们心灵受到了伤害。

◆多一个朋友，好过多一个敌人

（4）对网络产生过于强烈的依赖性

当下，他们中的不少人或是因为在现实生活中受挫，或是因为被网络本身的精彩所深深吸引……以致他们对网络的依赖性越来越强，甚至染上网瘾。久而久之，无疑会影响他们正常的认知、情感和心理定位，甚至会导致人格分裂，不利于他们的健康性格和人生观的塑造。

案例

曾经有位初二的学生谈到，一次他向同班的女生询问功课，被老师看到后受到了苛刻的指责，并把这件事作为一条小辫子抓在手里，动辄就揪出来“示众”一番，严重地刺伤了他的自尊心，导致他对老师的反感和对立。每当老师指东他偏向西，但内心又十分矛盾，甚至影响了他对学业的兴趣。

由此可知，良好的人际交往可以抚平他们满是涟漪的内心。

3. 情感类问题

青少年时期是花的季节，在这个阶段，他们的第二性征逐渐发育，性意识也慢慢成熟。此时，他们的情绪较为敏感，易冲动，对异性充满了好奇与向往，当然会伴随着出现许多情感的困惑。归结起来无非有两个方面：

第一，与同龄人之间的纠葛，多是同学间的密切交往所致。

第二，与成年人的畸恋问题，大多为恋师情节。

案例

小云今年刚升入高中，便无可救药地爱上了高三年级的学长。在她的眼里，那个男孩再完美不过。每次看见他从自己身边经过，小云都会目不转睛地盯着他，直到他渐行渐远，还对着他的背影发呆。自然知道自己这样下去会影响学业，但眼下她根本顾不了那么多，她只想和他在一起。被情感苦苦折磨的她，终于鼓起勇气向他表白，但却被无情地回绝。她伤心极了，再没心思学习，甚至产生了轻生的念头，想一死了之。

人非草木，孰能无情。不过，也要在正确的时间表对情。对青少年来说，学生时期自然要以学业为重，那萌生的爱慕之意唯有暂压心底，或许会有些许痛楚，但风雨过后便是彩虹！

心理安全贴士

对青少年学生来说，要想让他们的心理健康发展，就必须掌握影响学习心理健康的根源，只有从根本上消除导致心理问题的因素，才能真正消除他们的心理问题。

预防心理疾病发生

为什么青少年离家出走、厌世轻生的悲剧屡屡发生？为什么青少年走上违法之路的案件时时再现？究竟是谁造就了这一场场悲剧？难道单纯的就是青少年自身的问题吗？但若没有外界因素的导火索，他们又怎么会凭空生出如此之多的阴暗心理，导致他们或厌学，或自卑，或茫然，或焦虑……对青少年来说，正处于身心急剧发展和自我意识由分化、矛盾，逐渐走向统一的特殊时期，或许他们对心理疾病并没有太多的认知，根本不知道该如何处理。面对自己日益滋生的阴暗心理，青少年大都茫然不知所措。于己，他们不想由此走上人生的不归路；于人，看着日渐苍老的双亲，他们不忍父母由此担忧不已，不忍让他们失望，又迫于自己无能为力，唯有任由内心苦苦挣扎，不但对心理健康的发展没有任何好处，甚至还会起到相反的作用。事实上，解决心理疾病最好的方法就是防患于未然——提前做好相应的预防措施。

（1）塑造优胜的个性心理品质

对青少年来说，个性中那过于强烈非达目的不罢休的好胜性格必须逐渐改变为具有一定承受能力、不屈不挠、稳健、柔中带刚的性格。或许，在他们眼里，这些要求未免有些冠冕堂皇。试问，谁不想具备这种性格呢？可是谈何容易。那么，青少年朋友们，你们不妨从以下几点做起，或许就会创造奇迹。

◆正确认识自己，增强自我悦纳心理。

◆培养克服艰难险阻的意志品质。

◆注意加强自我社会同一性的锻炼。

◆培养人际交往的优秀个性品质。

（2）学会进行必要的自我心理调节

自我心理调节是指个体自己主动地用心理技巧来改变自身的心理状态. 因此，对青少年来说，他们不但要努力通过改变自身心

◆要多参加活动

理活动的绝对强度来降低或提高心理承受力，而且要通过改变心理状态的性质，将消极的状态变为积极的状态。

◆松弛紧张法

对他们来说，通常有以下几种调节方法：

第一，需要有计划地安排作息时间，养成有规律的生活和学习习惯。

第二，应该积极参加各类文体活动。因为这样不但会解除心理疲劳和缓解紧张情绪，还能增进身心健康。

第三，应当丰富课余生活。

◆要多进行体育锻炼

第四，在学习上不要盲目攀比。当然，取得优异成绩和培养高尚品德是他们每个人所追求的目标。不过，达到这个目标的时间和进程却因人而异。因为不同的人的自身状况和学习基础不同，自然需要付出的努力和花费的时间就有所不同。所以，在追求上进的同时，要结合自己的实际并学会纵横比较，确定自己在班集体中的实际位置，然后再制定出奋斗计划，脚踏实地地进行学习，追求进步。

第五，全身心地投入学习。

◆保持学习中的适度焦虑

或许，对青少年来说，他们对此有些不解。事实上，焦虑状态对他们的学习状况有重要的影响。一般来说，焦虑程度与解决问题的效率之间的关系存在这样的规律：当学习任务确定之后，解决问题的效率会随着他们焦虑程度的增加而提高，但焦虑程度超过了一定限度之后，解决问题的效率反而会越来越低。再进一步解释：焦虑程度过弱，注意力容易被无关因素分散，也引不起兴奋；过强，注意力则会过分集中，容易激起他们过多的情绪反应，以致让他们忽视有关解决问题的重要因素，从而影响问题的解决，不利于学习效率的提高。因此，只有中等强度的焦虑状态，才最有助于学习成绩的提高。那么，对他们来说，该怎样保持中等强度的焦虑状态呢？

第一，端正自己的学习态度。

第二，积极努力，增强自己的成功感。

第三，积极发展非智力因素。所谓非智力因素即是指智力因素以外的心理因素，它主要包括：情感、动机、意志、气质、性格和能力等等。

第四，沮丧时切勿作出决断。

（3）回到集体和社会的怀抱

在现实生活中，相信他们中的不少人都会时常觉得生活平淡、无聊、寂寞，甚至产生与集体和社会日益疏远的体验。事实上，这种体验就是孤独感。那么，为什么不同的人在集体生活中会产生不同程度的孤独感呢？总结起来，无外乎这三种原因：性格过于内向；较重的自卑心理；犯错的人际知觉。

21世纪，是以交流合作为主题的新世纪，青少年更应该要充满自信地以青春的活力献身于广阔的社会生活当中，架起沟通社会、集体和他人感情的金桥，并在这种沟通中体现自己的人生价值，让自己的心灵闪烁耀眼的光芒。如此一来，孤独感自然会荡然无存。

（4）考前心理调节

对青少年学生来说，平时的知识储备和有关能力是他们在考试过程中取得优异成绩的基础。但能否充分发挥水平甚至超水平发挥，则取决于他们考前自我心理的调节情况。那么，究竟该如何进行自我心理调节呢？

◆正确认识考试。

◆保持适度的心理压力。

◆注意用脑卫生。

◆调节心理状态，积极迎接考试

（5）注意克服考试后的松弛症

对青少年学生来说，这句歌词“南风吹来，夏日即了，会考的季节就要来到了，妈妈要我好好会考，考上中意的学校”，应该不会很陌生吧。每年的六七月份，可以说是他们的会考季节，尤其对于那些即将毕业的中学生，他们将面临着升学的压力，充满困难与希望的新生活正向他们走来。经过一番努力，他们终于度过这段既宝贵又艰苦的时期，确实应该好好地放松一下自己，享受一下舒适温馨的课外生活。但事实证明，情况却不尽然，他们中的不少人患上了考试松弛症：早上起来后，却不知做什么。既然无所事事，就开始无休止的放纵自己——睡上大半天，然后到街上走走，但不知为什么又走回学校了。

那么，为什么有的青少年会患上考试后松弛症呢？心理学家认为，首先他们在原来的生活方式向另一种截然不同的生活方式过渡的时候，适应上产生了困难；其次经过一段时期的应试学习，心理上过度紧张，如今一切紧张都消失了，自然如同一条过度拉紧的橡圈，突然间松脱下来，失去了张力，再也不能恢复原状一样。这种症状持续的时间，会因人而异，有的几天就消失，有的则会持续一个多月左右。因此，对他们来说，不妨多向那些有经验的学长们学习，好好给自己在考试后制订一个生活规划，或阅读一些好书，或参加一些有益身心的文体活动，或自学一下新课程……当然，他们也可以帮助父母多做一些力所能及的家务活，以便让自己的试后生活充满生机和活力。

（6）加强注意力与记忆力的锻炼

◆考后要注意适当调节

对青少年来说，他们应该加强注意力与记忆力的锻炼：首先，要锻炼神经，陶冶情操，稳定情绪，用理智控制情感，逐渐提高自身的思维能力；其次，要严格遵守作息时间，注意劳逸结合，从而消除疲劳，保护旺盛的精力；再次，以柔克刚，磨炼“闹中求静”的过硬本领，以适应各种环境；最后，消除思想负担，增强自信心。

案例

楚明在高考前是一名正常的学生，但是面对失利后的高考，他的行为却迥异常人，与以前判若两人：多语且语无伦次，到处串门，奇思怪想不断，今天碰到你时说正在自学无线电修理，明天偶遇你时说已对文学女神痴迷不已，其变化之神速令人瞠目。新一轮高三复习开始后，他竟然在课间一手拿着一本小说，另一手拿着三个肉包子走进教室，并把东西放在讲桌上说要慰问读书辛苦的同学们，因其中有些是他以前的同

◆锻炼孩子的记忆力

学，自然是精神食粮与物质食粮一并上来。然后他开始了饱含激情的演说，持续了约三分钟，大意是人生难测前途难卜，各位悠着点，但凡看开为宜，万不可拘泥于枯燥的学习生活而毁了大好青春，云云。演说毕又大哭不止，弄得班上多愁善感又不乏同感的女生们也不禁悲从中来，抽抽答答地陪哭起来。直到闻讯赶来的老师语重心长地将其劝走。

人生不如意之事十有八九，怎能不经历挫折？唯有摆正自己的心态，奋发图强，才能迎来雨后最美的彩虹！

心理安全贴士

对青少年来说，可以从生活中的小事做起，预防心理疾病的发生：

第一，要掌握转移调节法。

第二，要学会离职调节法。

第三，采用自我安慰调节法。

第四，了解释放法。

第五，具备一些升华调节法。

识别心理疾病症状

学生时代，一个人的生理和心理都会发生急剧变化。如果在这一阶段遇到心理问题，没有解决好，就可能影响他们今后的一系列发展，本应无忧的年纪，也会从此蒙上阴影。因此，对青少年来说，他们应该根据自己出现的相应症状来判别自己属于哪种类型的心理疾病，并采取相应的措施。那么，心理疾病究竟都有哪些症状呢？

1．焦虑症

焦虑症是焦虑性神经症的简称，是以广泛性焦虑症（慢性焦虑症）和发作性惊恐状态（急性焦虑症）为主要临床表现的，常伴有头晕、胸闷、心悸、呼吸困难、口干、尿频、尿急、出汗、震颤和运动性不安等症状。

◆面带焦虑之情的孩子

事实上，焦虑性神经症与正常的焦虑情绪的反应是不同的：第一，它是无缘无故的、没有明确对象和内容的焦急、紧张和恐惧；第二，它是指向未来，似乎某些威胁即将来临，但是病人自己说不出究竟存在何种威胁或危险；第三，它持续时间很长，如不进行积极有效的治疗，几周、几月甚至数年迁延难愈；第四，焦虑症除了呈现持续性或发作性惊恐状态外，同时伴有多种躯体症状。

当下，随着生活节奏的加快，焦虑症患者在青少年中已是常见。对他们来说，抵制焦虑症的最好“良药”便是自我调节：

（1）积极的自我暗示

法国大作家大仲马说过："人生是一串由无数的烦恼组成的念珠，达观的人总是笑着念完这串念珠"。当自己有焦虑情绪时，给自己以强有力的自我暗示，如"我能行"、"我一定能够成功"、"我看好我自己"等。积极地自我暗示，可以增加自信，克服焦虑。

（2）适量的运动

据悉，运动可以消除一些导致焦虑的化学物质，使精神放松，心情愉悦。当你感到焦虑时，索性什么都不要去想，去跑跑步、打打球或者游泳等，不仅锻炼了身体，而且有效地缓解了焦虑的情绪，使你有更充沛的精力去做下面的事。

（3）做自己最感兴趣的事情

当人们在做自己感兴趣的事情时，都会全身心地投入，进入一种物我两忘的境界。因此，当你面临焦虑时，不妨放下手头的书本，做一些感兴趣的事情，如唱歌、听音乐、看电视、打篮球等等，当你做完这些事情的时候，你的烦恼焦虑早就无影无踪了。

（4）情感宣泄

情感宣泄是缓解压力、保持心理平衡的重要手段。你可以把你的紧张、焦虑讲给亲人或朋友，让自己的内心得到调整；或者找一个适宜的地方，放声大哭或大笑，以宣泄自己内心的忧郁。

（5）音乐

音乐能使人放松，使人的生理、心理节律发生良性的变化。当一些事情使你感到不安、烦躁时，不妨静下心来听听音乐，你会觉得音乐犹如一缕清风拂过你的心灵，感到无比的舒适和惬意，而你的焦虑情绪也随之烟消云散。

2．考试焦虑症

所谓"考试焦虑"，是指由考试所引起的，在生理或心理上的紧张。

生理上的紧张诸如：心跳加速、呼吸急促、头脑一片混乱或空白等；心理上的紧张则大多以担心的形态呈现。

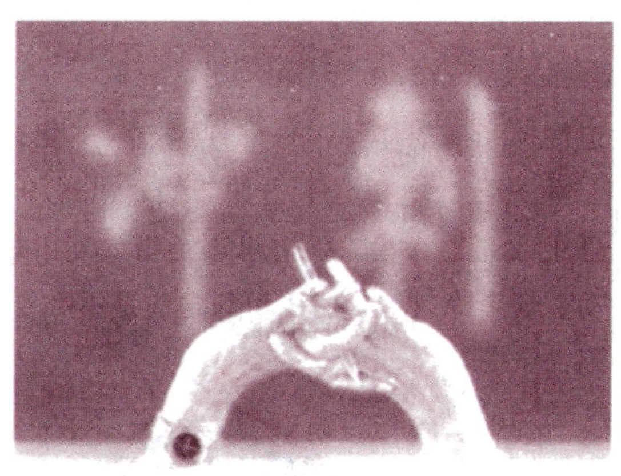

◆看着考试倒计时，莫名的焦虑涌上心头

当下，面临强大的竞争压力，不少学生在考前出现了考试焦虑症：他们或上课心不在焉，对自己马上临考却仍然什么也记不住感到十分焦急；或烦躁不堪，见到任何事情都有发火的欲望；或坐立不安，总觉得自己的每一个动作都在浪费时间；或吃不好，睡不香，精神委靡不振。

考试焦虑症大都是因为学习压力过大而造成的。因此，对青少年来说，他们首先应该改变对生活、挫折、压力的看法——认识到压力并不全都是坏的，权当它是一个提高自己能力的机会。首先，对自己的期望不可过高，制订的目标比自己的能力稍高即可——“去摘你跳一下就能拿到的果子”；其次，自我放松练习：在烦躁不安时，先让自己坐下来。紧握拳头，并绷紧胳膊，体验上肢的紧张感觉，然后突然把拳头放开，体会手臂的沉重、无力、放松。反复做几次，你身体的放松自然会带动精神的放松；第三，体育运动：肢体活动有利于缓解焦虑，对于那些平时容易急躁的学生来说，应多参加慢跑、下棋、游泳等运动。久而久之，他们的自我控制能力便会增强，情绪自然会稳定下来；第四，变换环境：多听一些舒缓流畅的音乐，或参加一些户外活动，在与大自然亲近的过程中让自己浮动的心绪逐渐平静下来；第五，做应当做的事，不能任由情绪支配自己。不要因为心情不好而逃避生活。一旦坚持做下去，你便会发现事情没有预想的那么糟。

3．强迫症

强迫症是强迫性神经症的简称，是一种通过仪式化行为来减轻内心焦虑的精神疾病。病患会产生挥之不去的想法，出现不得不做的行为，主要表现为强迫思维或强迫行为。强迫思维是指反复出现在患者脑海里的某些想法、冲动、情绪等，患者能认识到这些是不必要的，很想摆脱，但又摆脱不了，因而十分苦恼。

◆强迫症之逼迫自己不停地洗手

对青少年来说，他们中比较常见的是强迫观念和强迫行为。前者是不由自主地产生一些念头，如强迫回忆、穷思竭虑等等；后者则多指做某些没有意义的动作，如反复洗手、计算、询问等，如果不做他们就会感觉不舒服，但做后又懊丧自责。

一般来说，那些患强迫症的青少年的性格特征往往表现为谨小慎微，墨守陈规，缺乏自信心，胆小怕事，优柔寡断，办事过于认真，喜欢过多过细地思考问题，缺乏随和性，过于追求完美，任性、急躁、好强，常伴有不安全感和不适感，等等。

不过，强迫症产生的原因很复杂，强烈或持久的精神刺激，某种不良的情绪体验都可能导致发生强迫症。因此，对青少年学生来说，他们应该随时警惕强迫症的袭击，而且，他们也可以从以下几点做到预防：

◆从小注意个性的培养。

◆参加集体活动及文体活动，培养生活中的爱好，以建立新的兴奋点去抑制病态的兴奋点。

◆采取顺其自然的态度。当有强迫思维时不要对抗或用相反的想法去“中和”，不要带着“不安”去做应该做的事；有强迫动作时，要理解这是违背自然的过度反应形式，要逐步减少这类动作的反应直到和正常人无异。

◆注意心理卫生，努力学习对付各种压力的积极方法和技巧，增强自信，不回避困难，培养敢于承受艰苦和挫折的心理品质，是预防的关健。

4. 恐怖症

恐怖症是恐怖性神经症的简称。它是一组以特定事物、特殊环境或人际交往时发生强烈恐惧或紧张的内心体验为特征的神经症。具有恐怖症的人，神志清晰，对恐怖的体验明知其不合理，但在遭遇相同情境时，仍反复出现，难以控制，并作出回避反应。恐惧性情绪反应是一种自我防护，回避外界危害，保证生命安全的心理防卫功能，人皆有之。因此，日常生活中出现恐惧心理是正常现象。

对青少年来说，在他们之中比较常见的有以下几种恐怖症：

（1）社交恐怖症

当他们面对不熟悉的人讲话、在众人注视下运动或与异性交往时，往往会出现显著的、持续存在的担忧或恐惧，担心自己将面临窘境或耻辱。对所恐惧的环境他们大都采取回避行为，即使坚持下来也十分痛苦，经常会出现焦虑、多汗、面红耳赤等症状。

（2）聚会恐怖症

通常患这种恐怖症的孩子害怕到各种公共场所去。

（3）赤面恐怖症

患有该症状的孩子通常在别人面前自感羞愧，愚蠢或笨拙，尤其当众讲话、写字、饮食时，表现更甚。

（4）动物恐怖症

患有该症状的孩子通常惧怕猫、狗、鼠、昆虫等动物，并往往以害怕一种动物为限。

（5）境遇恐怖症

患有该症状的孩子通常害怕登高、临渊、黑暗、暴风、雷电等，而且对所害怕的对象目标恒定，从不改变。

◆希望摆脱这难缠的恐怖症

（6）异性恐怖症

该病多发生在青春期，其表现是对异性感到惧怕，不敢与异性交往，

◆被吓到的孩子

常采取竭力回避的态度。

（7）对人恐怖症

该症状通常萌芽于青春期，起初与某些人在一对一的社交处境下产生强烈的恐怖，恐怖发作时可伴有头晕、恶心等，慢慢地这种恐怖泛化到所有的陌生人，甚至熟人身上。严重者拒绝与任何人发生社交关系，把自己与世隔绝开来。

（8）学校恐怖症

该症状的主要表现，一是害怕去学校，害怕参加考试，害怕当众出丑；二是如果强迫患者去学校，他们会产生焦虑情绪和焦虑性躯体不适；三是倘若同意患者暂时休息不去学校，焦虑情绪和躯体症状很快得到缓解；四是患者多数是好学生、优秀学生，甚至是三好学生。

无疑，以上几种类型的恐怖症状严重地影响了他们的身心健康发展，甚至会扭曲他们的性格。因此，对他们来说，应该采取积极措施，防止恐怖症为他们的成长之路蒙上阴影：

◆积极的自我暗示。

◆放松入静训练。可找一个没有人打扰的安静地方，舒适地坐下来，闭上眼睛，想像自己来到一个青山环绕、绿树成荫的幽静地方，心境便会变得平和起来。久而久之，有助于克服紧张的情绪。

◆系统脱敏训练。改变是不大可能一步到位的，它是一个渐进的过程。因此，需要青少年一步一步地来战胜自己的紧张心理：他们可为自己设立一系列的行为目标。比如，选出10个自己以往紧张的交际场景，然后根据自己的情况，将其按由易到难的顺序来排列。如此循序渐进地进行一项一项的社交实践训练，当每一项都练到很轻松自如了，便可以进入下一项的练习。要相信，人的能力是在实践活动中经过锻炼而逐渐培养发展起来的，社交能力亦是如此。

◆阅读伟人传记，从伟人的经历中获得启迪。

5．抑郁症

近年的医学研究发现，抑郁症是人类最常见的心理疾患。权威人士估计，若将轻型抑郁包括在内，抑郁症在全世界的患病率约为11%。在我国，对抑郁症尚无精确统计（据粗略统计，目前北京有四万多抑郁症病人，平均每一千人里就有三个被明确诊断为抑郁症的患者），但实际上抑郁症随时随地可以在人们的身边出现，只是人们还没有正视这个心理第一疾患而已。

◆忧郁的孩子

那么，什么是抑郁症呢？它是抑郁性神经症的简称，其是一种以持久的心情低落状态为特征的神经性障碍。当下，随着社会压力的增大，很多青少年学生也都患有抑郁症。对他们来说，抑郁症的症状可分为三大部分：情绪上出现低落、不快乐、忧郁、自觉没有价值、易怒、自杀意念等；身体上出现全身不适、没有体力、容易疲倦，没有胃口、失眠、易醒、早醒等；行为上出现不专心、没有精神、没有活力、对学习失去兴趣、成绩退步、不愿意上学、自伤行为、自杀念头甚至自杀行为等。

一般来说，治疗抑郁症最有效的不是药物，而是心理，即“认识疗法”。“认识疗法”的三项原则是：第一，你的一切情绪，都是你的思想或认识所产生的，“你目前的思想状况怎样，你也就感觉怎样”；第二，当你感到抑郁时，是因为你的思想完全被“消极情绪”所控制，整个世界好象在黑暗的阴影笼罩之下。你往往相信事实真如你所想象的那样糟糕；第三，消极思想几乎总是带有严重的歪曲性，它是你几乎一切痛苦的唯一原因。

对青少年来说，当你感到沮丧时，则可以根据下面十个方面去分析思考，你就会发觉你其实是在愚弄自己：

（1）绝对化的思想

把一切事物都看成泾渭分明。比如，平时成绩优秀的你偶尔得了一次“良”，于是便认为自己是彻底的失败者。这种思想“会使你无休止地怀疑自己，认为不论做什么总不会及格”。

（2）过于普遍化

由于有过一次不愉快的经历，你就认为在别的事上也会同样倒霉。

（3）精神过滤

总是看到事物的消极一面，好像戴上有色眼镜，把一切积极的东西都过滤了。于是你很快得出结论，认为每件事都是消极的。

（4）自我轻视

看到周围的佼佼者的许多长处，可自己的一些愿望却无力实现，因而产生自卑心理，遇事总想着自己不行。

（5）武断地乱下结论

设想别人瞧不起你，但不去检验设想正确与否，你展望未来，尽是灾难。

（6）放大与缩小

即把自己的缺点放大，优点缩小，歪曲本来面目。

（7）情感上的推论

“我感到内疚，因此我一定干了坏事”，你的感情似乎就是思想的根据。

（8）应该论

“我应该做这件事”或“我必须做那件事”，都是你感到内疚的思想，他们不能使你去实干一件事。

（9）个人化

你总是在想“无论发生什么事，无论别人干什么，都是我的过失。”总有个“责任问题缠绕着你”。

事实上，针对上述情况，你完全可以这样去改变认识：你的感觉不是事实，你能对付，不要以你的成就作为看待自己的根据。

6．神经衰弱

神经衰弱是一类精神容易兴奋和脑力容易疲乏、常有情绪烦恼和心理生理症状的神经症性障碍。它是由于大脑神经活动长期处于紧张状态，导致大脑兴奋与抑制功能失调而产生的一组以精神易兴奋，脑力易疲劳，情绪不稳定等症状为特点的神经功能性障碍。

◆备受神经衰弱折磨的女孩

当下，神经衰弱不但危害着成年人的身体健康，而且也成为青少年常见的精神疾病，严重影响了他们的身心健康。患有神经衰弱的孩子大都精神困倦，易疲劳，记忆力差，阅读书籍不能很好记忆，勉强记忆则会引起头痛，学习紧张时甚至会晕倒。

那么，对他们来说，该怎么从神经衰弱的阴影中走出来呢?

◆减轻心理压力，消除情绪的紧张状态。他们之所以会神经衰弱，大都是由于心理压力过大而引起的，因为长期的心理压力必然导致精神过度紧张，从而引发神经衰弱。因此，青少年神经衰弱患者首先应该认清，神经衰弱是完全可以治愈的；其次要放下心理压力，该休息的时候休息，必要时降低自己的奋斗目标，量力而行；最后还需要在实际生活中慢慢体会和领悟。

◆正确认识神经衰弱的本质，彻底从痛苦和束缚中解脱出来。

◆打破神经衰弱的恶性循环，减轻神经衰弱的症状。

7．癔症

癔症是癔症性神经症的简称，又称歇斯底里，具有明显的精神因素，是由暗示或自我暗示所导致的精神障碍，主要表现为感觉或运动障碍、意识状态改变，症状无器质性基础的一种神经症。

◆被癔症深深困扰的人

癔症可分为精神症状和躯体功能障碍两大类。

（1）常见的精神症状

情绪暴发、大声哭闹、表情夸张。癔症变化最常见的是昏倒，但倒下动作缓慢，很少引起自伤。

（2）躯体功能障碍

痉挛发作，与癫痫病发作相似，区别在于癔症无摔伤、咬破舌头、大小便失禁和缺氧等，面色如常，瞳孔对光反应存在；瘫痪，多见双下肢同时瘫痪，但经检查无神经受损迹象；有失明、失聪、失音障碍等等。

青春期是人体迅速发展的时期，是继婴幼儿之后的第二个生长高峰。在这个阶段，青少年的心智发育还不是很成熟，他们的情绪以及性格都会因外界环境的影响有很大的波动。而癔症又多发于青壮年时期，因此，对青少年来说，他们有些人也难逃此心理疾病的威胁。

是否就任由疾病的侵袭而无动于衷？当然不是，其实对付癔症最好的办法就是预防。

◆平时多关心一些关于青春期有关生理、心理方面的教育，以便自己能够正确认识自己，认识自己外部的变化和心理变化。

◆必要时可以向心理专家咨询，以便自己能够正确对待挫折。

◆加强阅读，培养自己必要的内涵。

◆培养自己的升华作用。学会将注意力转移到较高的需要上去，把能量转移到学习上来。

◆补偿作用。受挫后，尽量用另一种可能成功的目标来补偿代替，以获得集体、他人对自己的承认，充分表现自己的能力，获得心理上的快慰感，从而预防癔症的侵袭。

◆为自己树立人生的榜样，并向榜样学习，以起到对自己的引导作用。

8．精神分裂症

精神分裂症是一种严重的精神疾病，多发于 15 岁到 20 岁的青少年。主要症状包括思考、情感、行为等多方面的障碍。通常情况下，其又分为三种类型，即青春型精神分裂症、妄想型精神分裂症、情感型精神分裂症。

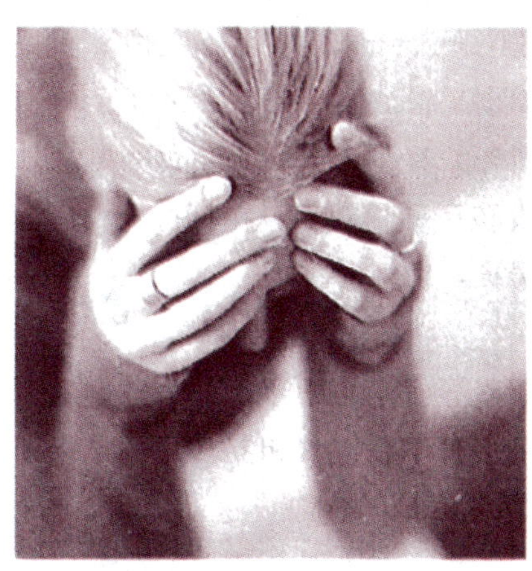

◆被精神分裂症折磨的人

（1）青春型精神分裂症

该症状的核心症状就是一个“乱”字，以心理活动的紊乱和不协调为特征。患者发病时表现出孤僻、情感不稳定、敏感而多疑、富于幻想；情绪变幻无常、时哭时笑，或无故发怒、行动幼稚；病重时则幻觉丰富、赤身裸体、不知羞耻。

（2）妄想型精神分裂症

患此症的青少年学生，常有遭人迫害的妄想和夸大妄想等。如认为家人亲戚、同学朋友、领导老师，甚至一些公安机关、情报机关等要伤害他；认为别人在自己的饮食中投放毒药，在自己的周围设卡监视、跟踪自己；或认为自己之所以被迫害，一定是因为自己是个十分重要的大人物，于是，常以大人物自居、行事。

（3）情感型精神分裂症

情感型精神分裂症是一种以情感障碍为主的精神病，表现为狂躁、抑郁两种对立症状。两种症状可以独立存在，也可能交替出现或同时存在。在狂躁期，患者情绪高涨，自我感觉非常良好，思维奔逸，口若悬河，行为增多，爱管闲事，但做事有头无尾；而在抑郁期则情绪低落，精神忧伤，甚至悲观厌世。

9．性别角色模糊

所谓性别角色模糊是指个体对自己性别角色认同的错位。一般来说，大约从3岁起，儿童开始逐步形成性别角色的概念。如果小男孩把自己看作是一个与周围女孩子一样的人，在打扮、表情、举止上努力模仿女性，即成为女性化男孩，反之也一样。

10．学习障碍

由于种种不良因素导致学生学习上的失败。学习障碍是生物、社会文化、心理三方面的多种不良因素相互作用的结果，如学习者的智力发育不良、知识经验准备不足、感知或运动障碍、情绪或行为发生困难、家庭环境不良好、学校教学方法不善、社会环境不良、学习态度不端正、学习目的不明确等等。

11．情绪障碍

该症状主要指情绪方面出现经常性异常表现，如愤怒、烦躁、抑郁、不满、悔恨、冲动、自责、淡漠、脆弱等。情绪障碍对身心发展是极为不利的，某些情绪可能引发攻击行为，造成社会危害。一般来说，患情绪障碍症的学生常见有两种类型：

◆患有情绪障碍的孩子

◆多动、攻击冲动型。表现为好冲动，活动过多，常常有拒绝和不服从的表现，粗鲁、不合作，易怒、情绪不安、注意力不集中，缺乏行为控制。

◆活动过少、抑郁退缩型。表现为过分压抑、自卑、缺少判断力、过分内向，不愿表达等等

12．人际关系障碍

该症状是指在人际交往过程中阻碍人际关系建立的各种因素，又称人际交往障碍。主要包括三个方面：

◆文化因素障碍，包括语言障碍和教育程度差别上的障碍。

◆社会因素障碍，主要有地位角色障碍、空间距离障碍、沟通网络障碍等等。

◆个体因素障碍，如个性结构障碍、个性品质特征障碍等等。

13．性心理障碍

对青少年学生来说，他们的性心理障碍与成人的性心理障碍有很大程度的差别，大都是性心理发展问题多，性变态问题少。主要表现在对性生理发育好奇，对性自慰行为的担忧，对性冲动的困惑等等。

案例一

“我现在一拿到试卷，脑子里就一片空白。”张莉从小成绩优异，可进入初三后，成绩一降再降，由于一心想考重点高中，因此她一直都在自我加压的情绪下紧张学习。总复习开始后，她每次拿到试卷，脑子里就一片空白，数理化公式忘得精光，以前会做的题现在也不会做了。她说：“我觉得自己无颜面对父母，还不如死了算了。”

案例二

自从进入高中后，琳琳觉得学习比以前更紧张了，可是她回到家的第一件事却是要将家里所有的东西进行整理、归类。做完了这些事后，才能集中思想做作业。有时放好的东西又会再拿出来重新放。这样的事总要重复几次，最终必须做到全部让自己认可，才终止这一行为。这花费了琳琳许多宝贵的时间，为此她感到很烦恼，但她表示控制不住自己。

可见，林林总总的心理疾病困扰着当代青少年学生，已成为不争的事实。因此，无论是他们本身，或是家庭，亦或是整个社会，都不得不加以警醒。

对青少年学生来说，为了防治心理疾病的来袭，他们不妨试着参考以下几点建议：

第一，端正自己的心态，切莫看轻自己。

第二，树立正确的三观。

第三，尝试看一些心理方面的书籍，或是一些名人传记。

第四，用知识充盈自己。

第五，多交朋友。

第六，学会倾诉。

第七，多参加一些集体活动，或是多进行户外运动。

适应环境能力是关键

青少年是一个多姿多彩的时期，在这个五彩的时期里，他们肆意释放着青春，却不知，各种心理疾病正悄悄地向他们逼近。或许，在初期，他们已经有所察觉，及时采取了有效措施；或许，他们已经泥足深陷，难以根除。他们或郁闷，或悲伤，或自暴自弃，甚至产生了轻生的念头。他们的笑，日益渐行渐远，留给他们的只是无边的暗影。那么，面对危机四伏的社会，面对如此复杂多变的人生，他们究竟该何去何从呢？

古语有云，“既来之，则安之”，既然无从选择，那还不如坦然接受，处之泰然，让自己努力适应这个社会，适应这个“既有风，又有雨”的生活环境。再则，作为祖国未来接班人的青少年学生，即便前路坎坷，也要勇敢的走下去，因为，走过去，又是一片天；退缩，则很难有立足之地。每个人都是社会人，当然，青少年学生也不例外。因此，对他们来说，唯有适应社会环境，才能在青春年华中大展英姿。而当他们老了的时候，忆当年，才不会为当初的蹉跎岁月而慨叹。

◆生物适应环境才能生存

（1）提高认识

马克思曾经说过："人是天生的社会动物。"每一个人都不可能脱离社会而生存。在社会环境中生活，就必须处理好与社会环境的关系。社会要求每一个人都必须具备社会环境适应能力，这是人们的生存之道。或许，在青少年学生的概念里，他们一直生活在学校这座"象牙塔"里面，何来面对社会呢？实则不然，他们从一出生，就已经注定要生活在这个社会里，只不过他们暂时接触的社交范围有些窄而已。

美国著名行为主义心理学家皮亚杰曾言："人要生存，必须适应社会，改造自然，才能成为社会人。"社会环境适应能力低，则影响到人的发展，影响到人的生活其他方面，影响人们的生存。因此，青少年要充分认识到社会环境适应能力在他们整个人生中的重要地位。

（2）不要一味地生活在家庭的庇佑之下，要适时地走出去，在社会生活实践中积累自己的适应能力

当下，很多孩子都生活在家长的庇佑下，很少有在社会中锻炼的机会，仅有的一点社会生活知识也是从书本或是老师那里学得的，但毕竟"纸上得来终觉浅，绝知此事要躬行"。只有参与社交实践，将两者相互结合，共同作用，才能求得真知，才能形成和不断提高他们社会环境适应的能力。因此，对他们来说，要尝试走出家庭，走出亲情，走出封闭的环境，走出学校，才能在社会环境中经风雨、见世面。

曾经有人说过："除了必要的智力背景外，造成人们性格和能力品质分化的基本原因就是经验。"可见，"人是经验主义的"。或许，在他们的概念里，社会环境中有糟粕，有消极有害的东西，不利于身心的健康发展。于是，他们便采用逃避的办法。殊不知，这是一种因噎废食的做法。对他们来说，应该加强自己辨别是非、善恶、抵御消极因素的能力，增强自己的免疫力，学会如何对待那些不利的问题，如何处理解决那些问题，以提高自己的社会适应能力。

（3）社会环境适应能力需要及早培养

社会环境适应能力与他们其他方面学习或智力开发一样，存在一个早期开发的问题。因此，对他们来说，要及早培养自己适应社会的能力，从而让自己的各个方面都能得到相互促进。经研究及事实表明，他们社会环境适应能力如果能及早、及时培养，则有助于他们智力的提高，促进他们科学文化知识的学习，增强他们心理疾病的抵抗力。但若不及早开发，及时发展相应的社会环境适应能力，如果期望在将来某个时候再补上去是不行的。因此，对他们来说，一定要让自己的社会环境适应能

力与科学文化知识学习协调发展，不断学会处理人际关系，处理各种生活问题，处理各种利益关系。

案例

林洁虽然是一名初二的学生，年仅 14 岁，但与同龄人相比，无论是在言语上，亦或是在为人处事方面都有着他们不曾有的游刃有余。与同学之间的关系和谐默契；面对各种考试，她没有一些同学那样表现出的异常焦虑，她依然是以平常心对待，而且考试成绩相当喜人；面对母亲的瘫痪，她也没有表现出一幅悲悲戚戚的样子，依然笑着面对每一天……看着她面带笑意的坚毅脸庞，看着她的泰然自若，很多同学都表现出不解，甚至有的同学还向她讨教秘诀。她则笑着说道：“哪有什么秘诀？我不过是从小就开始独立。父母很少干预我的生活，他们给了我一定的空间，并鼓励我多参加一些社团活动，多看一下外面的世界。每当我遇到困难时，他们都鼓励我勇敢面对。我也曾害怕过考试，也曾为母亲的瘫痪感到过无助。但是想想，现实是逃避不了的，唯有坦然面对。”

青少年朋友们，当你面对生活中林林总总的困难时，不要选择逃避，而应尝试着坦然接受，在处理困难的过程中品味胜利的味道。要知道，那是对你的磨砺，是你稚嫩的羽翼变得更为丰满必走的途径。

心理安全贴士

对青少年来说，当面对父母的一再庇佑，一再娇惯时，要适时地抽身而出，努力锻炼自己适应环境的能力，要知道唯有像“绿萝”那样具有顽强的意志力，当面对心理疾病的威胁时，才不会难以招架，甚至还能轻松地将它们克服。

保持良好的心理状态

随着当今社会的飞速发展，人们的物质生活充实富足。青少年作为家庭的重要一员，承载了家长们太多的希望和期待，家长们总是千方百计的在生活、学习上给予他们更多物质上的保障。但是，在日常生活中，丰富的物质生活保障并没有使他们得到内心真正的快乐，他们更多的是出现诸如抑郁、孤僻、厌学等状况，那些幼小的心灵渐渐承受不住现实中紧张的生活和学习。因此，对青少年来说，保持一个良好的心理状态是何等的重要！

（1）保持良好心理状态的重要性

◆有利于处理好各种关系。

◆能精力充沛地去学习。

◆乐观面对生活

◆有利于情绪的稳定和身心健康。

（2）良好心态的标准

既然保持良好的心理状态如此之重要，那么，青少年该如何让自己拥有这种心态呢？一般来说，如果青少年想掌握培养良好心态的方法，首先就要知道良好心态的标准是什么。

◆无论面对什么困难，都要保持乐观

◆心理特征与实际年龄相符合。他们的认识、情感、意志等心理过程以及个性特征要符合年龄增长的规律。既不能像童年时那么简单幼稚，也不同于成年人那样成熟。

◆保持乐观而稳定的情绪。

◆热爱学习。

◆建立良好的人际关系。

◆自我调节，适应环境。

◆接受自己的性身份。青春期少年要正确认识和对待自己的性身份，做符合自己性别身份的事情，并对自己是男性或女性感到满意，绝不因为自己的性别而产生自卑感。只有自觉认识和正确对待自己的性身份，才能保持良好的心理状态。

既然已经知道了良好心态的标准，接下来就要掌握如何培养并保持这种良好心态了。

（3）如何保持良好心态

◆不要对自己过分苛求。每个孩子都有自己的理想和抱负，但是有的孩子把目标定得太高，力所不及，于是终日郁郁不得志，自寻烦恼。有的孩子做事则要求十全十美，有时对自己的要求近乎吹毛求疵，往往因为小小的过错而自责，结果受害者还是自己。为了避免挫折感，应该把目标和要求定在自己能力许可的范围之内，懂得欣赏自己，自然就会心情舒畅了。

◆对他人不要期望过高。很多青少年都把希望寄托在他人身上，期望父母无休止地疼爱自己、期望同学善待自己、期望老师器重自己……假如对方达不到自己的要求，便会大失所望。

◆学会疏导自己的愤怒情绪。对青少年来说，当他们情绪激动或勃然大怒时，就很容易失态或做错事。与其事后后悔，还不如事前加以节制，转移一下自己的愤怒情绪，如打球、唱歌、跑步等。可爱的孩子，如果你的功力深厚，可以利用一下阿Q精神，把倒彩当喝彩，把咒骂当歌颂，笑骂任由它去，愤怒情绪自然就抛之九霄云外了。

◆学会转移和倾诉内心的烦闷和不安。一件令人不愉快的事，会使自己情绪变坏，甚至变得越来越坏。因此，青少年可试图不去想这件事，转移注意力去想和做令自己高兴的事，摆脱不良情绪的纠缠，从而使情绪始终保持在一种平和愉悦状态。

◆向人倾诉自己的烦恼。把所有的抑郁都埋在心里，只会令自己郁郁寡欢，增加自己的心理负担。如果把内心的烦恼告诉自己的知已、好友或师长，心情就会顿感舒畅。

◆帮助别人。助人为乐，帮助别人不仅会使自己忘了烦恼，而且可以实现自己的存在价值，更可以获得珍贵的友谊和快乐。

◆在一个时间内只做一件事。根据美国心理专家乔奇博士发现，构成忧虑、精神崩溃等疾病的原因之一，是同时面对很多急需处理的事情，

◆要学会倾诉

精神压力大。要减少自己的精神负担，不应同时进行两件以上的事情，以免弄得心力交瘁。

◆不要处处与人竞争。有些青少年之所以会心理不平衡，完全是因为争强好胜，处处以别人作为竞争对象，使自己经常处于紧张状态。其实人与人之间相处，应该以和为贵，只要你不把人家看成对手，人家也不一定与你为敌。

◆与人为善。在很多时候，有些青少年之所以常常被人排斥，是因为其他人对他们有戒心。如果在适当的时候表现出自己对他人的友善，多交朋友，少树对立面，心境必然就会变得平静。

◆适当放松。这是消除心理压力的最好方法。放松的方式不太重要，重要的是要心情舒畅。

案例

林强今年高三了，马上面临着高考。但是他并没有像许多学生那样带有很多消极的情绪，面对一点点的不顺心就会大发雷霆。他依然每天快乐地奔走于学校与家之间的小路上。他的学习成绩始终名列前茅，因为，他知道越是焦急、越是担心，就越会对自己的学习效率起到消极的作用，唯有保持良好的心态，才能发挥出自己最好的水平。果不其然，高考结束后，他顺利地考上了自己心仪的学府，而学习成绩一直好于他的班长却没有发挥出应有的水平，只考上了一所二流学校。原因很简单，就在高考的前几天，班长因为焦虑过度而晕倒在教室，因而没有发挥出自己应有的水平。

由此可知，拥有良好的心态是一个人成大事的必然心境。

对青少年来说，要想保持良好的心态，必须要从身边的小事做起，循序渐进地培养自己强大的内心。

善于调节不良情绪

情绪在日常生活当中非常重要，它是表达人的感觉的无声语言。情绪的好坏决定着处理事物的结果。在健康的状态下解决问题时，其结果自然令人满意；相反，在心情郁闷、厌烦、紧张、愤怒的状态下解决问题时，往往会出现过激的行为，或出现严重的不良后果。而青少年学生由于年龄的特点，他们的行为更容易受到情绪的控制，甚至在不良的情绪状态下，会走向违法犯罪。因此，对他们来说，调节自己的不良情绪已是重中之重。那么，当面对不良情绪，究竟该从哪些方面入手呢？

（1）学会调节和控制情绪

情绪是心理活动的核心，对身心健康有重大的影响，因此，学会自觉的调节和控制情绪是身心健康发展的必需条件。对青少年来说，在日常生活和学习中无论做什么事情都带有感情色彩：当考试取得好成绩时，他们会感到喜悦；失去珍贵的东西时，他们会感到惋惜；如果愿望一再受到妨碍而达不到时，他们则会失望和愤怒，等等。这些喜悦、悲哀、愤怒、恐惧等情绪活动都会引起身体一系列的生理变化。积极健康的情绪：愉快、欢乐、适度的紧张等，对人体都有好处。因此，青少年应该懂得情绪在保护心理健康中所起到的重要作用，学会自我调节和控制情绪。

◆试着调节自己的情绪

◆培养自己具有乐观的生活态度。无论遇到什么困难和挫折，都要以乐观积极的态度去面对，相信问题总会有解决的办法，从而勇敢地面对现实，努力进取，永不失望，对前途充满信心和希望。

◆适当地发泄积累在心中的不良情绪。

◆保持适当的紧张和热情。紧张是一种情绪，它能维持和提高学习效率，使大脑达到最佳状态。因此，青少年平时上课或做某些事情时需要保持适当的紧张。一旦张弛调节适度，就会让生活更加有节奏和有情趣。

◆善于用理智控制自己。对青少年来说，他们的种种要求和愿望都要符合社会道德规范，否则就要用理智打消这种念头，不能苛求社会和他人满足自己的一切愿望。

◆要正确地认识自己，遇事尽力而为，适可而止，不要因好胜逞能而去做力不从心之事，这样会影响自己的情绪。

◆团队精神生活。团队的精神是积极向上的，是一种凝聚力。青少年经常参加集体团队活动，不但可以消除他们与同学之间的人际关系敏感和心理不平衡性以及敌对现象，而且还可以形成一个团队，成员之间互相友爱、关系融洽、密切合作，建立良好的人际关系，同学之间彼此亲近，当遇到困难与挫折时，还可以受到同学的安慰与鼓励。

◆对青少年来说，他们要尊敬老师、热爱同学、孝敬父母，保持家庭的和睦，保持友好的邻里关系，在学校和老师与同学友好的相处，这可以让他们在心理上得到满足。

（2）排除和疏导消极情绪

人生在世，怎会不经历风雨？因此，青少年在面对学习或生活中的困难与挫折时切莫一味地逃避，要知道，他们早晚要回归到现实。那么，究竟该如何排除和疏导这种消极情绪呢？

◆鼓劲。学习中遇到难题，不是消极气馁，束手无策，而是鼓足干劲和勇气，通过努力去获得成功。这样有助于培养自己的自信心，有助于在逆境中保持良好的心理状态。

◆补偿。当自己所追求的目标达不到或因为能力所限不能成功时，可以选择其他能获得成功的活动来代替。这样可以使自己从失败中解脱，减轻内心的苦闷和压力，通过调节形成良好的心境。

◆升华。对青少年来说，当主观愿望不合理时，就要把它导向比较崇高的方面。如异性同学之间过分的亲密甚至爱慕，对个人前途和社会都没有什么好处，就应该理智地加以控制，将这种激情用到学习或其他爱好的活动中，努力做出好成绩，得到大家的认可，从而获得另一种满足，达到心理平衡。

◆幽默。这也是一种化解挫折和尴尬场面的好办法。用含蓄、诙谐、寓意微妙的幽默，让人在困境中也能感受乐观和情趣，运用得当，对心理健康十分有利。

◆增强支配和控制自己的能力，不断克服好冲动、任性等弱点，增强责任感。随着年龄的增大，青少年的成人感和独立性会越来越强，相应的责任也越大。因此，自己首先要对自己负责，努力完成学知识、长身体的崇高使命。抱有这样的崇高使命感，会让自己经常受到鼓舞，注意克制自己不恰当的行为和表现，自觉地去调节自己的思想和行动，从一言一行做起，在长期的坚持中走向成熟。

◆试着学会幽默

◆找理由自我安慰。当一个人的追求不能实现时，为了减少内心的损失和失望，可以为自己的失败找一个冠冕堂皇的理由，用以安慰自己。这不是有意的逃避、自欺欺人的方法，而是为了避免挫折严重挫伤青少年学生的积极性。偶尔使用一下也可以作为缓解情绪的权宜之计，以免自己的精神崩溃。

◆重新修订目标。在某些情况下，虽然经过努力也难以达到目标，很容易陷入一种困扰、迷茫的心境之中。这时就要客观地分析情况，对自己预期的目标进行调整、修改，让它更加切合实际，这样就容易获得成功，摆脱受挫的心境。

案例

小浩是一名高二的学生，再过一个星期，他就要代表学校参加市里举办的演讲比赛，全校仅他一人，因此，小浩十分重视这次演讲。他非常认真地练习着，而且同学菁菁自觉为他监督，在旁边提点他哪个地方需要调节。

很快，演讲大赛就到了。演讲前，小浩和菁菁先到一家饭店吃饭，因为时间比较紧，他们便来到一个快餐店，只是简单地点了两份快餐和紫菜汤，就匆匆吃了起来。正吃着，菁菁突然“啊呀”地叫了一声，眼睛盯着汤碗，好像发现了什么东西。小浩顺着菁菁的目光望去，看到一只死虫子赫然出现在汤碗中。

菁菁非常生气，一定要找店家理论一下，却被小浩拦住说：“我们还有更重要的事情，快走吧！”菁菁心里非常不高兴，很是担心小浩的情绪会受到影响，害怕这次比赛会搞砸。结果却出乎意料，小浩在演讲时的情绪如同先前练习时的那般积极、饱满。无疑，这次演讲非常成功，小浩也因此荣获了一等奖。

后来，菁菁向小浩请教，问他为什么能做到不受死虫的影响。小浩说：“我刚开始看到死虫时，心里很不高兴，甚至觉得恶心，但是，我很快就责问自己一句话，就这样，我很快就恢复了良好的情绪状态。”

菁菁接着问道：“你对自己说了什么？”“我怎么可以让一只小小的死虫左右我的情绪呢？”小浩笑着说道。菁菁恍然大悟。

可见，善于调节情绪的人，可以抓住很多成功的机会。

心理安全贴士

青少年在生活抑或是在学习中遇到挫折或困难时，应该采取积极的态度去面对，而非一味地怨天尤人，任由不良情绪侵袭自己尚显稚嫩的内心。

自我肯定自我磨炼

或许，他们是父母手中的掌上明珠，过着“衣来伸手，饭来张口”，“小皇帝”，“小公主”般的生活；或许，当他们面对困难时，一味地选择逃避；或许，当他们决定做某件事情时，又一味地否定自己，认为自己没有能力胜任……可见，他们大都缺乏自我肯定与自我磨练，所以才会有如此之多的烦恼不堪。

1. 自我肯定

当下，面对如此纷繁复杂的社会，面对如此沉重的压力，青少年最需要的莫过于对自己的肯定了，唯有如此，他们才有继续努力做一件事情的勇气。

自我肯定，就是对自己有信心，如果一个人没有自信心就会像一只火鸡，遇到警报时，会把翼翅及尾羽竖起来虚张声势一番，或者像一只澳洲的驼鸟，它害怕敌人袭击时，便一头钻进沙堆里，躲起来，自欺而欺人地苟且偷安一番。能够自我肯定的人，不会虚骄，不会逃避。自己是什么就是什么，有半斤就是半斤，有四两就是四两，实实在在。有很多孩子希望由他人来承认和肯定自己是真正的人物，他们自己也假装是个很了不起的人物，这就不是自我肯定。其实，一个人若无自知之明，就会常遇到挫折。除非这个人的福气好，处处能够歪打正着，否则的话，他会处处碰壁，还不知错在那里，最后就变成没有信心。因此，要想得到他人对自己的肯定，必先完成自我肯定，有了自知之明，才能自我肯定，才会建立起自信。

案例

一个叫黄美廉的女子，自小就患上脑性麻痹症。此病状十分惊人，因肢体失去平衡感，手足便时常乱动，眯着眼，仰着头，张着嘴巴，口里念叨着模糊不清的词语，模样十分怪异。这样的人其实已失去了语言表达能力，不亚于哑巴。

但黄美廉硬是靠她顽强的意志和毅力，考上了美国著名的加州大学，并获得了艺术博士学位。她靠手中的画笔，还有很好的听力，来抒发自己的情感。

在一次讲演会上，一个不懂世故的学生竟然这样提问："黄博士，你从小就长成这个样子，请问你怎么看你自己？"在场的人都在责怪这个学生不敬，但黄美廉却十分坦然地在黑板上写下了这么几行字："一、我好可爱；二、我的腿很长很美；三、爸爸妈妈那么爱我；四、我会画画，我会写稿；五、我有一只可爱的猫；六……”最后，她以一句话作结论：“我只看我所有的，不看我所没有的！”

可见，肯定自己就是尽力发挥自己的优势，多看多想自己好的一面，就能增强信心、充满活力。

◆我们要像傲雪寒梅一样经受磨练

2. 自我磨炼

玉不磨不美，人不磨不灵。有意识地磨练自己，在磨炼中造就一个崭新的自我，在短暂的人生中不断书写新的篇章，使人生价值得到最大实现，这是一个现代人应有的追求。唯有如此，才能拥抱成功。

现代生活的富足，使越来越多的人沉迷物质的享受，远离艰苦生活，不愿进行自我磨炼。不过，对青少年来说，作为一个现代人，作为祖国未来的接班人，他们要勇敢地面对困难，有意识地磨炼自己，找回自己的自尊，堂堂正正地生活！

磨炼自己要舍得身上的光环，同昨天的成绩告别；磨炼自己要敢于到艰苦的环境中去，适应清贫的生活；磨炼自己，要有忍辱负重的精神，即使面对流言蜚语，也能经受生活的考验，始终朝着自己的目标前进；

磨炼自己，就是要把人生中的每一次挫折，都看成是促使自己成长的机会。因为只有战胜挫折，希望之花才能开得绚丽，生命之果才能变得成熟。

磨炼自己，对生活中的困境毫不惧怕；磨炼自己，向自己的懒惰作斗争；磨炼自己，但不放任自己；磨炼自己，但不制造陷阱，与人为敌。

◆学会自我磨练，才能不断完善自己

案例

小清是一个有梦想的人，无奈高考失利，与大学失之交臂。很多人都劝她再复读一年，可小清却执意要到边疆支教。父母急了，朋友急了，都拼命地劝她。因为边疆的环境实在是太艰苦，她一个女孩子怎能忍受得了呢？但小清心意已决，不接受任何规劝。因为在她看来，她现在缺少的就是对自己的磨炼。所以，她要将自己发配边疆，好好地进行一番磨炼，小清坚信，通过这番磨炼，在不远的将来，她定能成就一番事业。

可见，善于磨炼自己的人，不计较生命中的一得一失，对自己追求的梦想矢志不渝。

心理安全贴士

面对当下纷纷繁繁的社会，青少年究竟该如何自我肯定或是自我磨炼呢？

第一，应该知道自己的分量，应该了解自己是什么样的材料，然后来充实自我，发挥自我；不放弃自我的既定方向，不动摇自我的基本信念，就不会受到环境的影响而失落了自我。

第二，必须增长优点，改掉缺点，若能自知缺点，也是一种优点；若是夸张优点，便是一种缺点。

第三，磨炼需要的是一种主动性，而非他人的威逼利诱。

第四，既然下定决心磨炼，就一定要坚持到底。

第五，既然决定磨炼，就要明确目标。

第六，权衡利弊。

第七，注重精神。

心理训练人格缺陷

人格是指在一定社会生活实践中形成的，比较稳定的心理特征。人格不同于性格，性格是一个人区别于他人的鲜明而稳定的、多维的心理特征，它无好坏之分，无道德评价问题。而人格却具有强烈的社会性、倾向性、实践性，它连接着一个人对待他人、集体与社会的态度，反映一个人人品的好坏、善恶、美丑等。人格的道德性是人格最重要的内涵。因此，对青少年来说，他们的人格发展对他们的健康成长至关重要。

毋庸置疑，当下，青少年的人格发展主流是好的，但也存在着一些值得注意的问题：

1．重自我价值，轻社会价值

人生价值涵盖自我价值和社会价值，实现自我价值是实现社会价值的前提，而实现社会价值则有助于实现自我价值，是自我价值的最终归宿。因此自我价值应融合于、服务于社会价值的实现。过去，在计划经济体制下，人格的价值过于定位社会，重社会价值轻自我价值。而如今则过于定位个人，在当代一些青少年学生身上表现得尤为明显。“书中自有黄金屋”，“书中自有颜如玉”，“吃了苦中苦，方为人上人”，读书更多是为了自己将来有个宽裕舒适、安闲自在的生活，更多是为了出人头地，一路风光。而对自己将来如何对社会、对国家尽份责任却考虑甚少。

2．重书本知识，轻道德实践

人格问题的实质是道德问题。受传统应试教育的不良影响，某些学生关注最多的是自身的成绩，“搞好学习是我的唯一任务”，成绩搞好了便能赢来一路赞歌。因此他们不愿参加班集体活动，不愿参加社会公益活动，不愿反省和检讨自我，缺乏道德实践，无视道德评价，在情感、品质、习惯、为人处事等方面不讲原则，没有“格”的标准，缺乏正义感，缺乏自我控制能力和明辨是非的能力。

3．重主动人格，轻和谐协调

过去被动人格的人较多，一切服从安排，对人生缺乏设计，奋斗目标模糊不清，没有前进动力，顺其自然，得过且过。而当代学生更多则过于“主动”，以自我为中心，摆不正自己与社会、集体、他人的关系。盲目炫耀自己，逞强斗胜，抬高自己，压低别人，没有协作精神、团队意识；有些甚至为了个人出人头地，无视集体利益，不顾他人感受，不择手段，我行我素。乃至于陷入一种病态，处处与他人为“敌”，与群体、他人格格不入。

4．重外表形象，轻内在素养

“人的一切都应该是美丽的：面貌、衣裳、心灵、思想”。当代青少年学生渴望表现自己，关注自身形象，这本无可厚非，是一种积极健康的心理反映。但某些学生更多地关注自己的外在美。他们讲究穿着，追求时尚，崇尚“潮”、“款”、“名牌”，什么“靓”、“酷”、“帅”经常挂在嘴边，而对自身的知识积累、内在气质、个性修养却很少顾及。这对健康完美人格的形成极为不利。

人格问题不仅仅是一个心理问题，更是一个社会问题。但其并非“洪水猛兽”、“无力回天”。可以相信，青少年中绝无天生的“纯粹自私自利、损人利已之人”。因此，对青少年来说，完全可以从心理上训练自己的完美人格。

◆正视自己，建立良好的自我概念。

◆与人为善，建立良好的人际关系。

◆坚定信念，建立良好的是非判断标准。

◆开放心胸，把握积极人生。

案例

小可是一名初三的学生，学习成绩不怎么样，可是却非常爱显摆，仗着家里有着靠谱的社会关系，她在学校里可谓有些恣意妄为：上课时常揭老师的短，很少按时完成作业。她满身名牌。正是因为小可的张扬，很少有人喜欢和她做朋友。大家都觉得她外强中干，只是倚仗家里，实则没有任何内在素养。当身边的人越来越少时，小可也为此深深苦恼过，但并未收敛，依然我行我素。

可见，在当下的社会里，唯有表里如一之人才会受到人们的推崇，而那些徒有其表之人唯有孤芳自赏。

心理安全贴士

青少年一定要明白道德是人格最重要的内涵。因此，无论将来身处什么位置，都要杜绝做那些有损道德之事。